안쌤의 영재교육원 영재학급 관찰추천제 대비

창의적 문제해결력
수학

매스티안

구성과 특징

STEP1 문제인식

창의적 문제해결력 특강의 첫 번째 단계로, 주제에 대한 탐구 문제를 인식하는 단계입니다.

학생들이 탐구하기에 좋은 주제, 최근 이슈가 되고 있는 주제, 새로운 아이디어로 창의성을 기르는 주제 등 다양한 주제로 구성하였습니다.

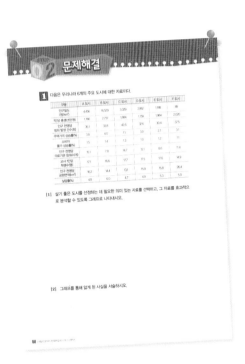

STEP2 문제해결

창의적 문제해결력 특강의 두 번째 단계로, 문제로 인식한 부분을 해결하기 위한 단계입니다.

문제해결을 위한 수학적 탐구를 하고, 수학적 해결 방법을 세우고 탐구계획서를 작성하도록 구성하였습니다. 또한 탐구 수행 및 결과를 통해 창의적 문제해결력을 향상시킬 수 있습니다.

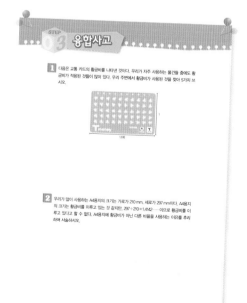

STEP3 융합사고

창의적 문제해결력 특강의 세 번째 단계로, 문제해결을 위한 탐구 수행 후 보완할 부분을 찾는 문제, 탐구 결과를 더 향상시키는 방법을 찾는 문제, 문제해결에 활용한 수학 개념을 실생활에 적용해보거나 더 연구하고 싶은 부분을 융합적으로 사고할 수 있는 문제로 구성하였습니다.

탐구보고서

창의적 문제해결력 특강의 네 번째 단계로, 앞에서 진행된 문제인식, 문제해결, 융합사고의 내용을 탐구보고서로 작성하는 단계입니다. STEP1 문제인식은 탐구 주제의 내용으로, STEP2 문제해결은 탐구 문제, 탐구 방법, 탐구 결과 및 결론의 내용으로, STEP3 융합사고는 탐구에 대한 나의 의견(고민, 아쉬운 점, 느낀 점, 새로 알게 된 점, 더 연구하고 싶은 점)의 내용으로 작성할 수 있도록 구성하였습니다.

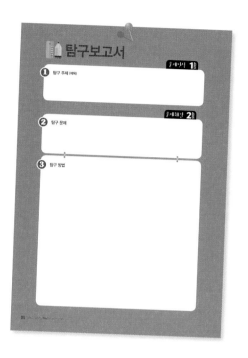

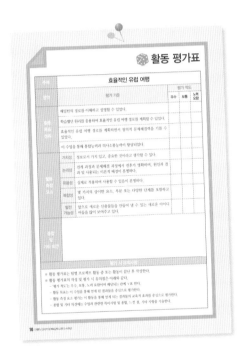

평가하기

창의적 문제해결력 특강의 다섯 번째 단계로, 탐구보고서 작성 및 발표 후 탐구 활동을 평가하는 단계입니다. 활동 목표 성취에 대한 평가, 활동 측정 요소에 대한 평가, 종합 및 기타 의견을 작성하여 스스로 창의적 문제해결력 특강을 통해 향상된 부분과 부족한 부분을 점검하도록 구성하였습니다.

부록 | 안쌤이 추천하는 초등학생 수학 대회 안내

다양한 수학 대회들이 생기고 있어서 어떤 대회를 참가해야 할지 고민하시는 분들을 위해 안쌤이 추천하는 초등학교 수학 대회를 정리했습니다. 또한 이 수학 대회들을 통해 창의적 문제해결력 특강으로 향상된 능력을 확인하고 점검할 수 있습니다. 영재산출물(창의적 산출물)로 활용할 수 있는 대회, 학생기록부에 기록 가능한 대회, 영재교육원 문제 유형과 비슷한 대회를 소개하고 기출 문제 및 출제 문제 유형을 같이 수록했습니다.

목차

구성과 특징 ·································· 02

1강. 효율적인 유럽 여행

STEP1 문제인식 ···························· 08
STEP2 문제해결 ···························· 10
STEP3 융합사고 ···························· 12
탐구보고서 ······························· 14
활동평가표 ······························· 16

2강. 서울시에 필요한 미용사 수

STEP1 문제인식 ···························· 18
STEP2 문제해결 ···························· 20
STEP3 융합사고 ···························· 22
탐구보고서 ······························· 24
활동평가표 ······························· 26

3강. 우승 팀을 가리는 가장 좋은 방법

STEP1 문제인식 ···························· 28
STEP2 문제해결 ···························· 30
STEP3 융합사고 ···························· 32
탐구보고서 ······························· 34
활동평가표 ······························· 36

4강. 튼튼하고 경제적인 체육관

STEP1 문제인식 ···························· 38
STEP2 문제해결 ···························· 40
STEP3 융합사고 ···························· 42
탐구보고서 ······························· 44
활동평가표 ······························· 46

5강. 나의 적절한 표준 체중은?

STEP1 문제인식 ································· 48

STEP2 문제해결 ································· 50

STEP3 융합사고 ································· 52

탐구보고서 ······································· 54

활동평가표 ······································· 56

6강. 살기 좋은 도시

STEP1 문제인식 ································· 58

STEP2 문제해결 ································· 60

STEP3 융합사고 ································· 62

탐구보고서 ······································· 64

활동평가표 ······································· 66

7강. 균형적이고 이상적인 집

STEP1 문제인식 ································· 68

STEP2 문제해결 ································· 70

STEP3 융합사고 ································· 72

탐구보고서 ······································· 74

활동평가표 ······································· 76

8강. 창의적인 암호

STEP1 문제인식 ································· 78

STEP2 문제해결 ································· 80

STEP3 융합사고 ································· 82

탐구보고서 ······································· 84

활동평가표 ······································· 86

부록 | 안쌤이 추천하는 초등학생 수학 대회 안내 ······ 87

융합인재교육 STEAM 이란?

과학 [Science] S
수학 [Mathematics] M
STEAM
융합인재교육
T
예술 [Art] A
공학 [Engineering] E

· 수학, 과학, 기술, 공학 간 상호 연계성 고려, 학문 간 공통 핵심 요소 중심으로 교육
· 예술적 소양을 함양하고 타 학문에 대한 이해가 깊은 미래형 인재 양성으로 교육

[자료 출처 : 한국과학창의재단]

융합인재교육은 과학기술공학과 관련된 다양한 분야의 융합적 지식, 과정, 본성에 대한 흥미와 이해를 높여 창의적이고 종합적으로 문제를 해결할 수 있는 융합적 소양(STEAM Literacy)을 갖춘 인재를 양성하는 교육이라고 정의하고 있다. 학습자가 실제 문제 상황을 다양하게 설계하고 해결하는 과정을 통해 새로운 개념을 생성하고, 창의적으로 설계하며, 더불어 사는 인성, 즉 사회적 감성을 발달하도록 하는 것이다.
이러한 융합인재교육(STEAM)의 목적은 다음과 같이 정리할 수 있다.

❀ 빠르게 변화하는 사회 변화의 적응력을 높이는 것이다.
❀ 개인의 창의 인성, 지성과 감성의 균형 있는 발달을 돕는 것이다.
❀ 타인을 배려하고 협력하며, 소통하는 능력을 함양하는 것이다.
❀ 과학 효능감과 자신감, 과학에 대한 흥미 등을 증진시킴으로써 과학 학습에 대한 동기 유발을 높이는 것이다.
❀ 융합적 지식 및 과정의 중요성을 인식시키는 것이다.
❀ 학습자 중심의 수평적 융합적 교육으로 전환하는 것이다.
❀ 합리적이고 다양성을 인정하는 문화 형성에 기여하는 것이다.
❀ 대중의 과학화를 기반으로 한 합리적인 사회를 구성하는 데 기여하는 것이다.
❀ 창조적 협력 인재를 양성하는 것이다.
❀ 수학, 과학, 기술, 공학 간 상호 연계성 고려, 학문 간 공통 핵심 요소 중심으로 교육
❀ 예술적 소양을 함양하고 타 학문에 대한 이해가 깊은 미래형 인재 양성으로 교육

효율적인 유럽 여행

영국의 수학자 윌리엄 해밀턴은 지구본을 보면서 세계 여행을 꿈꾸었다. 윌리엄은 1800년 중반 12면체 모양으로 수수께끼 하나를 제시했다. 20개의 꼭짓점에 도시 이름을 붙이고, 어떤 도시에서 출발한 후 길을 따라서 한 도시를 한 번만 방문하여 최초의 출발 도시로 돌아오는 것이다. 세계 유명 도시를 단 한 번씩만 지나는 여행을 할 수 있을까?

해밀턴은 입체도형인 12면체를 평평한 종이 위에 놓고 위에서 납작하게 눌러 평면으로 만든 후, 20개의 도시에 해당하는 점을 찍고 도시를 연결하는 도로나 뱃길을 모서리로 연결했다. 그리고 20개의 도시를 한 번씩만 지나는 여행 경로를 잡았다.

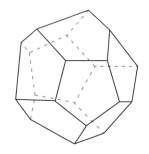 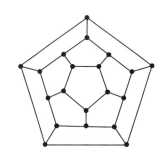 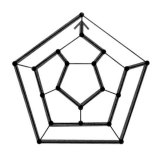

여행을 계획할 때는 제일 먼저 여행의 목적을 정하고 목적과 경비에 맞는 장소를 선택한다. 큰 목적지가 정해지고 나면 여행할 세부 목적지를 정한다. 세부 목적지를 정한 후에는 반드시 지도상에서 위치를 파악해야 한다. 위치와 거리, 교통수단에 따라서 하루 동안 활용할 수 있는 시간과 이동 경로를 정할 수 있기 때문이다.

만약 유럽 8개국을 여행한다면, 어떤 경로를 선택해야 가장 경제적이고 낭비되는 시간 없이 효율적인 여행을 할 수 있을까?

1 모든 점을 한 번씩만 지나가는 경로를 해밀턴 경로라고 한다. 다음 그림 중 해밀턴 경로가 있는 그림을 찾고, 해밀턴 경로를 그리시오.

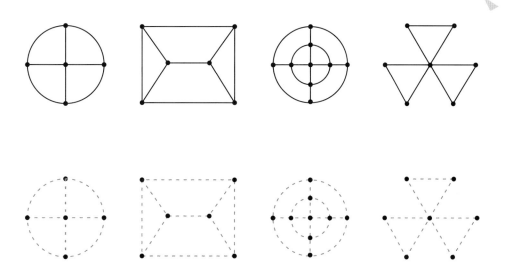

2 다음 그림의 점 A에서 시작하여 모든 점을 한 번씩 지난 후 점 A로 돌아오는 해밀턴 경로를 모두 그리시오.

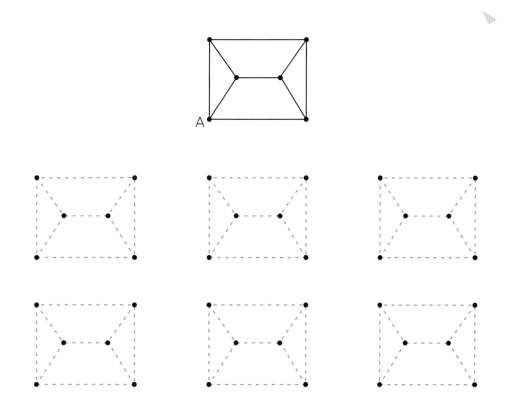

1 택배 기사는 ㉠~㉣ 4개 지역의 물류를 담당하고 있다. 물류 창고가 있는 ㉠ 지역에서 물건을 차에 싣고 가장 빠른 시간 안에 4개 지역의 물건을 모두 배달하고 다시 물류 창고가 있는 ㉠로 돌아와야 한다. 물건을 배달하는 데 걸리는 시간이 가장 짧은 해밀턴 경로를 쓰고 이때 걸리는 시간을 구하시오.

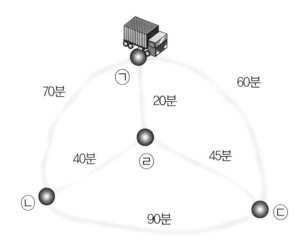

• 해밀턴 경로 : 모든 점을 한 번씩 지나는 길로, 출발점과 도착점이 같지 않은 길
• 해밀턴 회로 : 모든 점을 한 번씩 지나서 제자리로 돌아올 수 있는 길, 출발점과 도착점이 같은 길

2 한 달 동안 유럽 8개국 여행을 하려고 한다. 체코 프라하에서 출발하여 6개의 나라를 거친 후 영국에 도착한다고 할 때, 가장 적은 비용이 들고 이동 시간이 최소인 효율적인 여행 경로를 계획하고, 이때의 비용과 이동 시간을 풀이 과정과 함께 구하시오.

- 조건 1. 체코 프라하, 독일 베를린, 네덜란드 암스테르담, 프랑스 파리, 스위스 베른, 영국 런던, 스페인 바르셀로나, 이탈리아 로마를 여행한다.
- 조건 2. 각 나라를 이동하는 데 드는 교통비를 고려한다.(p.95 부록 참고)
- 조건 3. 각 나라를 이동하는 데 걸리는 이동 시간을 고려한다.(p.95 부록 참고)

여행 경로

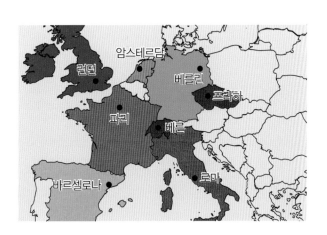

여행 경로 : 체코 프라하 →

→ 영국 런던

비용과 이동 시간

1 효율적인 유럽 여행 경로를 계획할 때처럼 해밀턴 경로가 우리 생활에 사용되는 경우를 3가지 서술하시오.

2 해밀턴 경로는 각 변이 가지는 가중치와 연결되어, 컴퓨터 과학이나 도시 계획을 할 때 사용되는 필수 이론으로 발달하였다. 다음 그림에서 8개의 도시를 연결하는 도로를 건설하려고 한다. 모든 도시를 연결하는 도로를 만들면 좋겠지만 비용이 너무 많이 들기 때문에, 비용을 적게 들이면서 모든 도시를 연결할 수 있는 최단 경로를 찾으려고 한다. 다음 그림에 최단 경로를 표시하시오. (단, 그림의 숫자는 거리(km)를 나타낸다.)

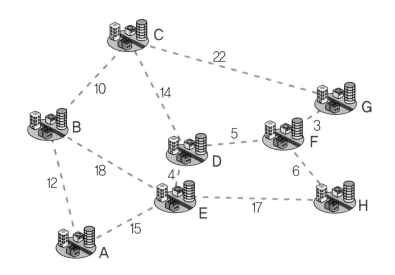

3 해밀턴 경로는 주어진 분야별 시간표를 효율적으로 배치하는 시간표를 작성할 때에도 사용된다.

어느 초등학교 연극반 학생들이 학예회 때 연극을 공연하기로 하였다.

다음 표는 이 공연을 준비하는 데 필요한 작업과 각 작업에 걸리는 시간 및 작업의 순서 관계를 나타낸 것이다.

	작업	작업 시간	선행되어야 할 작업
A	작품 선정	4일	없음
B	장소 선정	2일	없음
C	배우 섭외	4일	A
D	무대 꾸미기	5일	A, B
E	공연 연습	10일	C, D
F	초정장 발송	3일	C
G	공연	2일	E, F

이 연극의 공연을 끝마치는 데 필요한 최소의 시간을 풀이 과정과 함께 구하시오.

탐구보고서

문제인식 1 STEP

① 탐구 주제 (제목)

문제해결 2 STEP

② 탐구 문제

③ 탐구 방법

④ 탐구 결과 및 결론

⑤ 탐구에 대한 나의 의견 (고민, 아쉬운 점, 느낀 점, 새로 알게 된 점, 더 연구하고 싶은 점)

 **활동 평가표**

주제	효율적인 유럽 여행				
영역	평가 기준		평가 척도		
			우수	보통	노력 요함
활동 목표 성취	해밀턴의 경로를 이해하고 설명할 수 있었다.				
	학습했던 원리를 응용하여 효율적인 유럽 여행 경로를 계획할 수 있었다.				
	효율적인 유럽 여행 경로를 계획하면서 창의적 문제해결력을 기를 수 있었다.				
	이 수업을 통해 통합능력과 의사소통능력이 향상되었다.				
활동 측정 요소	가치성	정보로서 가치 있고, 중요한 것이라고 생각할 수 있다.			
	논리성	전개 과정과 문제해결 과정에서 전후가 명확하며, 원인과 결과 및 사용되는 이론적 배경이 분명하다.			
	유용성	실제로 적용하여 사용할 수 있음이 분명하다.			
	복합성	몇 가지의 상이한 요소, 부분 또는 다양한 단계를 포함하고 있다.			
	발전 가능성	앞으로 새로운 산출물들을 만들어 낼 수 있는 새로운 아이디어들을 많이 보여주고 있다.			
종합 및 기타 의견					

평가 시 유의사항

※ 활동 평가표는 팀별 프로젝트 활동 중 또는 활동이 끝난 후 작성한다.

※ 활동 평가표의 작성 및 평가 시 유의점은 아래와 같다.

- '평가 척도'는 우수, 보통, 노력 요함이며 해당되는 란에 ∨표 한다.
- 활동 목표는 이 수업을 통해 얻게 된 결과물을 중심으로 평가한다.
- 활동 측정 요소 평가는 이 활동을 통해 얻게 되는 결과물의 교육적 효과를 중심으로 평가한다.
- 종합 및 기타 의견에는 수업과 관련한 특이사항 및 종합, 느낀 점, 기타 사항을 기술한다.

안쌤의 창의적 문제해결력

수학

2

5·6
학년

x+y=85,
B+2C+3D+4E=5

서울시에 필요한 미용사 수

서울시에서 하루 동안 소비되는 피자는 몇 판일까? 한강의 물은 몇 리터일까? 우리나라의 전봇대는 모두 몇 개나 될까? 지구 밖 은하계에서 생명체를 만날 확률은 얼마일까? 모두 단번에 대답하기 어렵고 황당하기까지 한 문제들이다.

이런 문제들에 대해 추정논법을 사용해 단시간에 대략적인 답을 생각해내는 방법을 '페르미 추정'이라고 한다. 페르미 추정은 원자력의 아버지로 불리며 노벨물리학상을 수상한 엔리코 페르미(1901년~1954년)가 물리량 추정에 뛰어났고, 그가 학생들에게 독특한 문제를 냈다고 하여 붙여진 이름이다.

○ 엔리코 페르미

페르미는 시카고 대학 물리학 수업의 학생들에게 황당한 질문을 자주 했다. 그중 하나가 "시카고에 피아노 조율사는 몇 명 있을까?"였다. 단순 암기법에 익숙한 학생들이나 피아노를 못 치는 학생들은 문제풀기를 아예 포기했다. 페르미가 강조한 것은 제한된 시간과 부족한 자료 속에서도 생각의 힘만으로 결과를 알아내는 것이었다.

페르미 추정은 어림셈을 근처에 있는 봉투 뒷면에 간단히 계산해 본다는 뜻에서 '봉투 뒷면 계산'이라고도 불린다. 페르미 추정은 정확한 수치를 구하기보다는 대략적인 자릿수를 산출하는 데 무게를 더 둔다. 페르미 문제는 출제자 자신도 정답을 모르며, 해답이 없다. 페르미 문제에서 페르미가 강조했던 것은 생각의 힘만으로 답을 찾아가는 과정이었다. 이런 교육 효과로 페르미는 6대의 사제관계에 걸쳐 노벨상 수상자를 배출하였다.

페르미 문제는 생각의 힘이 강한 인재를 뽑으려는 기업의 신입사원 면접과 교육기관의 영재선발 문제에 자주 쓰인다. 최근 영재교육원에서 페르미 추정과 관련된 문제가 제시되었다.

"서울시에는 미용사가 몇 명 필요할까?"

생각의 힘만으로 답을 어떻게 찾아야 할까?

1 페르미가 학생들에게 질문한 "시카고에 피아노 조율사는 몇 명 있을까?"에 대한 페르미 추정 과정을 마인드맵으로 나타내면 다음과 같다.

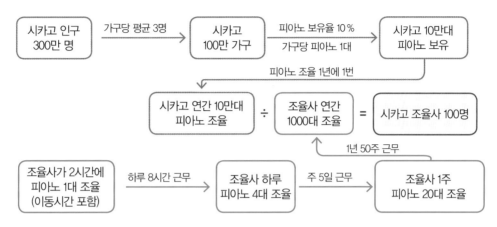

[1] 페르미가 피아노 조율사를 추정하기 위해 사용한 가정들을 모두 서술하시오.

[2] 약 1000만 명이 사는 서울시에 피아노 조율사가 몇 명이 있을지 서울시 상황에 맞게 페르미의 가정들을 수정하여 구하시오.

1 생각의 힘이 강한 인재를 뽑으려는 두산그룹에서 신입사원 면접 때 "서울 시내 이발소 수는 몇 개일까?"라는 질문을 했다.

[1] 다음은 이 질문의 답을 추정하기 위해 알아야 할 요소들을 나열한 것이다. 필요한 요소들을 모두 고르시오.

서울시 인구, 서울시 소득수준, 서울시 남녀 비율, 남자 중 이발소 이용자 비율,
남자의 연평균 이발 횟수, 이발소의 일평균 이발 횟수, 남녀 이발소 월 이용 횟수,
이발소 월평균 근무 일수, 여자 중 이발소 이용자 비율

[2] [1]에서 답한 요소들을 이용하여 서울 시내 이발소 수를 다음 순서에 맞게 페르미 추정 과정으로 구하시오. (단, 서울시 인구는 1000만 명으로 한다.)

① 서울시 인구의 연평균 이발 횟수 :

② 이발소의 연평균 이발 횟수 :

③ 서울 시내 이발소 수=서울시 인구의 연평균 이발 횟수÷이발소의 연평균 이발 횟수

2 최근 서울시 교육청 영재교육원에서 페르미 추정과 관련된 문제를 탐구 문제로 제시
하였다.

"서울시에는 미용사가 몇 명 필요할까?"

[1] 탐구 주제를 해결하기 위해서 꼭 알아야 할 주요 내용과 그 내용을 알기 위해서 사용할
탐구 방법을 쓰시오. (단, 미용사에 이발사도 포함한다.)

알아야 할 주요 내용	탐구 방법

[2] [1]의 탐구 방법으로 예상되는 탐구 결과(서울시에 필요한 미용사 수)를 페르미 추정
으로 서술하시오.

안전행정부 홈페이지

1 "서울시에는 미용사가 몇 명 필요할까?"의 탐구 주제를 페르미 추정으로 해결하려고 할 때, 좀 더 정확한 미용사 수를 추정하기 위해 더 고려해야 할 요소를 3가지 쓰시오.

2 2013년 SKT 신입사원 면접 질문인 "서울에서 하루 동안 판매되는 자장면은 몇 그릇인가?"의 답을 페르미 추정으로 구하시오.

3 다음은 대기업 신입사원 면접에 자주 등장하는 질문들이다. 이 질문들은 생각의 힘이 강한 인재를 뽑으려는 기업의 신입사원 면접과 영재교육원 선발 문제에 자주 쓰인다.

- 시애틀의 유리 창문은 모두 몇 개나 될까?
- 전 세계 유튜브 시청자 수는 몇 명이나 될까?
- 서울 시내 영화관 수는 몇 개나 될까?
- 서울 시내 10층 이상의 건물은 몇 개나 될까?
- 서울에 바퀴벌레가 몇 마리나 살고 있을까?
- 남산을 부산으로 옮기는 데 며칠이 걸릴까?
- 골프공 표면의 작은 구멍은 몇 개나 될까?
- 40 kg짜리 쌀 한 가마니에 들어 있는 쌀은 모두 몇 톨이나 될까?

[1] 기업에서 페르미 추정 문제를 면접에 활용하는 이유를 추리하여 서술하시오.

[2] 기업이나 일상생활에서 페르미 추정을 활용하면 좋은 경우를 서술하시오.

탐구보고서

① 탐구 주제 (제목)

② 탐구 문제

③ 탐구 방법

④ 탐구 결과 및 결론

융합사고 3 STEP

⑤ 탐구에 대한 나의 의견 (고민, 아쉬운 점, 느낀 점, 새로 알게 된 점, 더 연구하고 싶은 점)

활동 평가표

주제	서울시에 필요한 미용사 수			

영역	평가 기준	평가 척도		
		우수	보통	노력 요함
활동 목표 성취	페르미 추정법의 의미를 이해하고 활용할 수 있었다.			
	주어진 문제를 페르미 추정법으로 해결하기 위해 필요한 가정들을 세울 수 있었다.			
	페르미 추정법을 이용해 서울시에 필요한 미용사 수를 추정하면서 창의적 문제해결력을 기를 수 있었다.			
	이 수업을 통해 통합능력과 의사소통능력이 향상되었다.			
활동 측정 요소	독창성	기존의 것에서 탈피하여 참신하고 독특한 아이디어를 제시하고 있다.		
	논리성	전개과정과 문제해결에서 전후가 명확하며, 원인과 결과 및 사용되는 이론적 배경이 분명하다.		
	복합성	몇 가지의 상이한 요소, 부분 또는 다양한 단계를 포함하고 있다.		
	발전 가능성	앞으로 새로운 산출물들을 만들어 낼 수 있는 새로운 아이디어들을 많이 시사해 주고 있다.		
	가치성	정보로서 가치 있고, 중요한 것이라고 생각할 수 있다.		
종합 및 기타 의견				

평가 시 유의사항

※ 활동 평가표는 팀별 프로젝트 활동 중 또는 활동이 끝난 후 작성한다.
※ 활동 평가표의 작성 및 평가 시 유의점은 아래와 같다.
　－ '평가 척도'는 우수, 보통, 노력 요함이며 해당되는 란에 ∨표 한다.
　－ 활동 목표는 이 수업을 통해 얻게 된 결과물을 중심으로 평가한다.
　－ 활동 측정 요소 평가는 이 활동을 통해 얻게 되는 결과물의 교육적 효과를 중심으로 평가한다.
　－ 종합 및 기타 의견에는 수업과 관련한 특이사항 및 종합, 느낀 점, 기타 사항을 기술한다.스키

안쌤의 창의적 문제해결력

수학

3

5·6
학년

x+y=85,
B+2C+3D+4E=5

우승 팀을 가리는 가장 좋은 방법

2014년 7월 14일 브라질 월드컵 결승전에서 독일 축구대표팀 마리오 괴체가 연장전 후반에 극적인 결승골을 성공시켜 독일은 아르헨티나를 1-0으로 꺾고 2014 FIFA 브라질 월드컵 우승을 차지했다. 2014 브라질 월드컵에서 우승을 차지한 전차군단 독일은 이번이 네 번째 월드컵 우승이며, 1990년 이탈리아 월드컵 이후 24년 만에 국제축구연맹(FIFA) 랭킹 1위에 올랐다.

독일은 월드컵 기간 동안 총 7번의 경기를 치렀고, 7번 경기에서 6번 이기고 1번 무승부 기록을 세웠다. 2014 브라질 월드컵 경기는 다음과 같은 대진표로 진행되었다. 월드컵에서 32강은 조별 예선 리그전으로 진행되었고 16강부터 결승전까지는 토너먼트로 진행되었다.

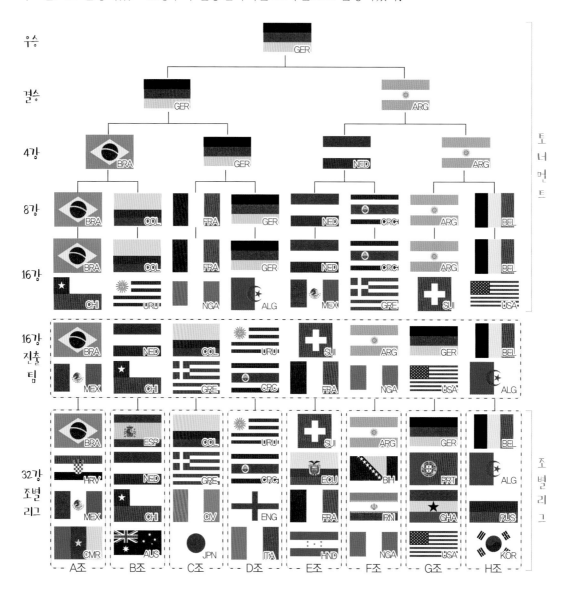

1 경기를 할 때마다 진 팀을 제외하면서 이긴 팀끼리 겨루어 최후에 남은 두 팀으로 우승을 가리는 경기 대전 방식을 토너먼트라고 한다. 8팀이 토너먼트를 거쳐 우승 팀을 가려낸다고 하면, 몇 번의 경기를 해야 하는지 구하시오.

2 경기에 참가한 모든 팀이 서로 한 번씩 겨루어 가장 많이 이긴 팀이 우승하게 되는 경기 대전 방식을 리그전이라고 한다. 8팀이 리그전을 거쳐 우승 팀을 가려낸다고 하면 몇 번의 경기를 해야 하는지 구하시오.

1 다음은 브라질 월드컵에 참여한 32개국 조별 리그 최종 결과이다. 리그전 결과를 바탕으로 최종 우승 팀이 될 것으로 예상되는 나라를 고르고 그 이유를 서술하시오. (단, 승점은 승리 시 3점, 무승부 시 1점, 패한 경우 0점을 부여한다.)

A 조		B 조		C 조		D 조	
나라	승점	나라	승점	나라	승점	나라	승점
브라질	7	네덜란드	9	콜롬비아	9	코스타리카	7
멕시코	7	칠레	6	그리스	4	우루과이	6
크로아티아	3	스페인	3	코트디부아르	3	이탈리아	3
카메룬	0	호주	0	일본	1	잉글랜드	1

E 조		F 조		G 조		H 조	
나라	승점	나라	승점	나라	승점	나라	승점
프랑스	7	아르헨티나	9	독일	7	벨기에	9
스위스	6	나이지리아	4	미국	4	알제리	4
에콰도르	4	보스니아 헤르체고비나	3	포르투갈	4	러시아	2
온두라스	0	이란	1	가나	1	대한민국	1

2 브라질 월드컵 최종 우승 팀은 독일이 차지했다. 리그전 결과와 최종 우승 팀 결과가 다른 이유를 추리하여 서술하시오.

3 우승 팀을 가리는 경기 방법을 새롭게 구성하여 대진표를 만들려고 한다. 대진표를 만들 때 고려해야 할 점을 3가지 서술하시오.

4 월드컵 경기에서 32팀 중 최종 우승 팀을 가리는 경기 방법을 새로 구성하여 대진표를 만들고, 선발 방법을 서술하시오.

1 양궁하면 한국, 탁구하면 중국의 대표 올림픽 종목이다. 특히 중국의 탁구는 따라 올 국가가 없을 정도로 막강하다. 올림픽 탁구 경기는 추첨에 의한 토너먼트로 진행된다.

2004년 아테네 올림픽 여자 탁구 복식 4강에 중국 2팀, 우리나라 2팀이 선정되었다. 준결승과 결승 경기 끝에 한국의 이은실-석은미 팀이 은메달을 목에 걸었다. 우리나라 탁구 여자 복식 팀이 중국팀보다 객관적인 전력이 조금 부족했지만, 은메달을 받을 수 있었던 이유를 추리하여 서술하시오.

2 한국의 프로야구 정규리그는 10개 팀으로 이루어져 있다. 매년 3월부터 9월 중순까지 각 팀은 다른 9팀과 16번씩 총 144회 경기를 하여 1위부터 10위까지 순위를 정한다. 월드컵이나 올림픽과 달리 프로야구 리그에서 경기 횟수가 많고 경기 기간이 긴 이유를 추리하여 서술하시오.

순위	팀명	경기	승	패	무	승률
1위	NC 다이노스	144	83	6	55	0.601
2위	두산 베어스	144	79	4	61	0.564
3위	KT 위즈	144	81	1	62	0.566
4위	LG 트윈스	144	79	4	61	0.564
⋮	⋮					

3 우리 반 모든 학생들이 참여할 수 있는 경기 종목을 선정하고, 우승자를 가려낼 수 있는 가장 효율적인 방법을 고안하시오.

4 내가 정한 우승자를 가려내는 방법의 장점과 단점을 각각 서술하시오.

• 장점 :

• 단점 :

탐구보고서

1 탐구 주제 (제목)

2 탐구 문제

3 탐구 방법

④ 탐구 결과 및 결론

⑤ 탐구에 대한 나의 의견 (고민, 아쉬운 점, 느낀점, 새로 알게 된 점, 더 연구하고 싶은 점)

🎲 활동 평가표

주제	우승 팀을 가리는 가장 좋은 방법				

영역	평가 기준		평가 척도		
			우수	보통	노력 요함
활동 목표 성취	토너먼트와 리그전의 장단점을 설명할 수 있었다.				
	다양한 경기 대진표를 바탕으로 우승 팀을 가리기 위한 가장 좋은 경기 대진표를 만들 수 있었다.				
	월드컵 경기에서 32팀 중 최종 우승 팀을 가리는 좋은 경기 대진표를 만들면서 창의적 문제해결력을 기를 수 있었다.				
	이 수업을 통해 통합능력과 의사소통능력이 향상되었다.				
활동 측정 요소	독창성	기존의 것에서 탈피하여 참신하고 독특한 아이디어를 제시하고 있다.			
	복합성	몇 가지의 상이한 요소, 부분 또는 다양한 단계를 포함하고 있다.			
	발전 가능성	앞으로 새로운 산출물들을 만들어 낼 수 있는 새로운 아이디어들을 많이 시사해주고 있다.			
	변형 가능성	사람들로 하여금 이 분야를 전혀 새로운 방식으로 보거나 생각하게 만들고 있다.			
	유용성	실제로 적용하여 사용할 수 있음이 분명하다.			
종합 및 기타 의견					

평가 시 유의사항

※ 활동 평가표는 팀별 프로젝트 활동 중 또는 활동이 끝난 후 작성한다.

※ 활동 평가표의 작성 및 평가 시 유의점은 아래와 같다.

- '평가 척도'는 우수, 보통, 노력 요함이며 해당되는 란에 ∨표 한다.
- 활동 목표는 이 수업을 통해 얻게 된 결과물을 중심으로 평가한다.
- 활동 측정 요소 평가는 이 활동을 통해 얻게 되는 결과물의 교육적 효과를 중심으로 평가한다.
- 종합 및 기타 의견에는 수업과 관련한 특이사항 및 종합, 느낀 점, 기타 사항을 기술한다.

안쌤의 창의적 문제해결력

수학
4

5·6
학년

튼튼하고 경제적인 체육관

우리는 원기둥 모양의 컵에 물을 담아 먹고 직육면체 모양의 상자에 물건을 넣어 선물하고, 원뿔 모양의 아이스크림콘을 먹으며 직육면체 모양의 침대에 누워 직육면체 모양의 방에서 잠을 잔다. 우리는 3차원 공간에서 살고 있기 때문에 수학에서 다루는 입체도형을 주변 곳곳에서 만날 수 있으며, 매일 이들을 사용하면서 살고 있다.

점·선·면 그리고 공간. 점이 모이면 선이 되고, 선이 모이면 면이 된다. 그 면들은 벽, 바닥, 천정으로 어우러지며 공간인 건축물이 된다. 건축의 바탕은 기하학이다. 기하학이란 공간의 수학적 성질을 연구하는 학문이다. 건축과 수학은 뗄 수 없는 긴밀한 관계를 갖고 있다. 건축물을 디자인하는 건축 디자이너는 튼튼하면서도 멋지고, 효율적인 건축물을 짓기 위해 평면도형과 입체도형의 특징을 잘 알고 있어야 한다.

1 건축물이 튼튼하다는 것은 건물의 주요 구조가 외부의 힘을 잘 지탱해 쉽게 비틀어지거나 무너지지 않음을 뜻한다. 건물의 경제적인 측면이 의미하는 것은 무엇인지 서술하시오.

2 영종대교 상판, 광명역사의 천장, 송전탑, 서까래 등을 보면 수많은 막대가 삼각형 모양을 이루며 구성되어 있음을 알 수 있다. 건축물에서 삼각형 구조가 가지는 장점을 추리하여 서술하시오.

❶ 영종대교 상판

❶ 광명역사의 천장

❶ 송전탑

❶ 서까래

1 우리가 흔히 볼 수 있는 건축물은 다각형이 합쳐져 만들어진 입체도형이다. 경제적인 건축물의 구조를 알아보기 위한 다음 물음에 답하시오.

[1] 다음 5가지 평면도형은 모두 같은 넓이를 갖는다. 건축물 설계의 관점에서 볼 때, 가장 경제적인 평면도형을 고르고 그 이유를 서술하시오.

도형	정삼각형	정사각형	정오각형	정육각형	원
둘레	약 23.8 cm	20 cm	약 19.3 cm	약 18.6 cm	약 17.7 cm
넓이	25 cm²	25 cm²	25 cm²	25 cm²	25 cm²

[2] 다음 입체도형은 모두 같은 높이이며 같은 부피를 갖는다. 건축물 설계의 관점에서 볼 때, 가장 경제적인 입체도형을 고르고 그 이유를 서술하시오.

도형	삼각뿔	삼각기둥	사각기둥	육각기둥	원기둥	구
부피	100 cm³	100 cm³	100 cm³	100 cm³	100 cm³	100 cm³
높이	5 cm	5 cm	5 cm	5 cm	5 cm	5 cm
겉넓이	약 167 cm²	142 cm²	약 130 cm²	약 123 cm²	약 120 cm²	약 104 cm²

2 동그란 구처럼 보이는 축구공은 정이십면체를 변형시켜 만든 것으로, 끝이 잘린 정이십면체이다. 지오데식 돔 역시 정이십면체의 표면을 필요한 만큼의 작은 삼각형으로 각각 쪼갠 후, 각 삼각형의 모든 꼭짓점들을 구의 표면으로 밀어내어 구에 가까운 구조로 만든 것이다. 지오데식 돔 구조의 특징을 추리하여 서술하시오.

❍ 정이십면체　　❍ 깎인 정이십면체　　❍ 정이십면체　　❍ 지오데식 돔

＊ 부록(p.97)을 이용하여 지오데식 돔을 만들어 보세요.

3 가장 튼튼하고 가장 경제적이며 공간 활용도가 뛰어난 나만의 독창적인 체육관을 디자인하시오.

1 페니키아의 폭군 피그말리온의 여동생 디도는 폭정을 피해 국외로 망명하여 카르타고에 정착하게 되었다. 이들은 카르타고에 도시를 세우기 위해 원주민에게 한 마리의 황소 가죽으로 덮을 만큼의 땅이라도 좋으니 팔라고 한다. 원주민들이 흔쾌히 허락하자 디도는 이 가죽으로 도시를 세울 수 있을 만큼의 넓은 땅을 샀다. 디도가 한 마리의 황소 가죽으로 넓은 땅을 살 수 있었던 방법을 추리하여 서술하시오.

2 다음과 같이 다리가 세 개인 테이블과 네 개인 테이블이 있다. 두 테이블 중 더 안정적인 테이블을 고르고 그 이유를 서술하시오.

3 2013년 11월 필리핀에 시속 380 km의 초강력 태풍 하이옌이 상륙했다. 레이테 섬 한 골프장 주위의 주택 대부분은 파손되었지만 월드돔 하우스 한 채는 멀쩡했다. 월드돔 하우스는 골조 작업만 진행되어 완공되지 않은 상태에서 초강력 태풍을 맞았지만, 태풍을 견뎌내고 피해를 입지 않았다. 그 이유를 추리하여 서술하시오.

◐ 태풍 전 공사 모습

◐ 태풍이 지나가고 난 후 모습

태풍 하이옌

---

4 지오데식 돔은 아프리카의 빈민 수용소에서부터 1987년 몬트리올 엑스포에 지어진 20층짜리 미국관에 이르기까지 다양하게 사용되고 있다. 지오데식 돔의 특징을 고려하여 지오데식 돔 구조를 활용할 수 있는 곳을 5가지 쓰시오.

◐ 캐나다 몬트리올 엑스포 미국관

◐ 과천 서울랜드

◐ 대전 엑스포 과학공원

탐구보고서

1 탐구 주제 (제목)

2 탐구 문제

3 탐구 방법

4 탐구 결과 및 결론

5 탐구에 대한 나의 의견 (고민, 아쉬운 점, 느낀 점, 새로 알게 된 점, 더 연구하고 싶은 점)

주제	튼튼하고 경제적인 체육관			

영역	평가 기준	평가 척도		
		우수	보통	노력 요함
활동 목표 성취	지오데식 돔이 튼튼하면서도 경제적인 구조인 이유를 설명할 수 있었다.			
	학습했던 과학 원리를 응용하여 튼튼하고 경제적인 체육관을 설계할 수 있었다.			
	튼튼하고 경제적인 체육관을 설계하면서 창의적 문제해결력을 기를 수 있었다.			
	이 수업을 통해 통합능력과 의사소통능력이 향상되었다.			
활동 측정 요소	독창성 · 기존의 것에서 탈피하여 참신하고 독특한 아이어디를 제시하고 있다.			
	논리성 · 전개과정과 문제해결에서 전후가 명확하며, 원인과 결과 및 사용되는 이론적 배경이 분명하다.			
	표현력 · 사물이나 자연 및 사회 현상을 창의적으로 분명하게 표현하고 있다.			
	가치성 · 정보로서 가치 있고, 중요한 것이라고 생각할 수 있다.			
	유용성 · 실제로 적용하여 사용할 수 있음이 분명하다.			
종합 및 기타 의견				

평가 시 유의사항

※ 활동 평가표는 팀별 프로젝트 활동 중 또는 활동이 끝난 후 작성한다.

※ 활동 평가표의 작성 및 평가 시 유의점은 아래와 같다.

- '평가 척도'는 우수, 보통, 노력 요함이며 해당되는 란에 ∨표 한다.
- 활동 목표는 이 수업을 통해 얻게 된 결과물을 중심으로 평가한다.
- 활동 측정 요소 평가는 이 활동을 통해 얻게 되는 결과물의 교육적 효과를 중심으로 평가한다.
- 종합 및 기타 의견에는 수업과 관련한 특이사항 및 종합, 느낀 점, 기타 사항을 기술한다.

나의 적절한 표준 체중은?

온 국민이 날씬이를 선호하지만 성장기 어린이는 잘 먹고 건강한 게 우선이다. 그러나 '아이는 좀 통통해야 보기 좋다', '어릴 때 찐 살은 다 키로 간다' 는 이제 옛말이다. 그 이유는 통통한 아이가 뚱뚱해질 확률이 높고, 소아 비만은 성인 비만으로 이어지기 쉽기 때문이다.

소아 비만은 성조숙증 등의 원인이 되어 성장과 건강에 악영향을 미칠 수 있다. 소아 비만인 아이들은 처음에는 키가 표준 이상이지만 사춘기가 빨리 시작되면서 성장이 멈춰버린다. 또한 지방이 과도하게 축적돼 성장호르몬이 제대로 역할을 하지 못하기 때문에 더 이상 키가 자라지 않을 확률이 높다.

소아 비만은 당뇨, 고혈압, 고지혈증, 동맥경화 등 성인병 관련 질병에 걸릴 확률도 높다. 무거운 몸무게를 지탱하느라 무릎 관절이나 척추 등에 이상이 생기고, 폐활량이 감소할 경우 밤에 잠을 제대로 자지 못하는 경우가 발생하기도 한다. 친구들로부터 놀림을 받거나 외모에 관한 별명이 생기면 자신감이 떨어져 소극적인 성격으로 변하는 경우도 있으며, 이런 상황이 반복될 경우 사회성을 잃게 되기도 한다.

소아 · 청소년기에 비만에서 벗어나려면 우선 생활 습관을 교정해야 한다. 성장기에 필요한 적정 열량을 균형 잡힌 세 끼 식사로 섭취하고, 신체 활동을 증가시켜야 한다. 아침 식사를 하고 채소를 매 끼 먹도록 하며 고기와 생선, 과일을 적절히 섭취하도록 하는 것이 좋다. 또한, 식사 시 음식을 천천히 먹고, 식사나 간식은 식탁에서만 먹으며 식후에는 움직여야 한다. 아동의 체력에 맞고 즐겁게 할 수 있는 운동을 하루 최소한 1시간 정도, 주 3~4회 이상 꾸준히 지속하는 것도 중요하다.

1 다음은 표준 체중에 관한 설명이다.

각 개인의 키에 적당한 체중을 정상 체중 또는 표준 체중이라고 한다. 표준 체중은
- 155cm 이상 : 표준 체중=[키(cm)−100]×0.9
- 155cm 미만 : 표준 체중=키(cm)−100

자신의 체질이나 키 등이 극단적이지만 않다면 표준 체중 구하는 방법은 대부분의 사람들에게 적용된다.

키가 140 cm인 학생의 표준 체중을 구하시오.

2 **1** 에서 계산을 통해 구한 표준 체중이 적절한지 자신의 생각을 서술하시오.

1 다음은 초 1～6학년 남학생과 여학생의 표준 키와 체중이다.

나이	남		여	
	표준 키(cm)	표준 체중(kg)	표준 키(cm)	표준 체중(kg)
8세 (초1)	123.7	24.8	122.4	23.9
9세 (초2)	129.1	27.8	127.8	26.9
10세 (초3)	134.2	31.3	133.5	30.5
11세 (초4)	139.4	35.5	139.9	34.7
12세 (초5)	145.3	40.3	146.7	39.2
13세 (초6)	151.8	45.5	152.7	43.8

[1] 표로 주어진 자료를 효과적으로 분석할 수 있도록 그래프로 나타내시오.

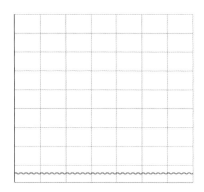 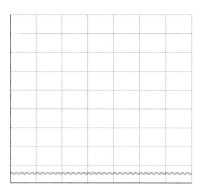

[2] 표와 그래프를 통해 알게 된 사실을 3가지 서술하시오.

2 표준 체중을 구할 때 고려해야 할 요소를 3가지 이상 쓰시오.

3 **1** 에서 주어진 자료와 **2** 에서 답한 고려해야 할 요소를 이용하여 나이와 키를 넣으면 자신의 표준 체중을 구할 수 있는 식을 향후 5년간 사용할 수 있도록 만드시오.

1 다음은 비만도를 구하는 방법이다.

비만도는 살이 쪄서 뚱뚱한 정도를 말한다.

비만도＝몸무게(kg)÷{신장(m)×신장(m)}

비만도 값이 18.5 이하면 저체중, 18.5~23은 정상, 23~25는 과체중, 25~30은 비만, 30 이상은 고도비만으로 분류된다.

저체중	정상	과체중	비만	고도비만
18.5	23	25	30	

가족 구성원의 키와 체중을 바탕으로 각각의 비만도를 풀이 과정과 함께 구하시오.

2 비만과 과체중은 20세기 후반부터 폭발적으로 증가해 21세기에는 세계를 위협하는 보건 문제로 지적되고 있다. 2012년 국민 건강 영양 조사 결과에 의하면 한국에서 성인 3명 중 1명이 비만이고, 최근 조사에 의하면 2013년 기준으로 전 세계 인구의 30 %가 비만인 것으로 나타났다. 비만 인구가 점점 증가하는 이유를 추리하여 서술하시오.

3 다음은 우리가 생활하기 위해 필요한 열량과 칼로리에 관한 설명이다.

칼로리는 음식물(영양소)을 섭취하면 얻어지는 열량의 단위이다. 우리 몸에서 열량을 낼 수 있는 3대 영양소에는 탄수화물, 단백질 그리고 지방이 있다. 음식물을 소화, 흡수시키고 세포와 혈액 등 우리 몸을 만들고 체온을 유지하고 숨을 쉬는 등 우리가 살아가는데 필수적으로 기초대사량이 필요하고, 공부나 활동을 위한 활동대사량도 필요하다.

남자			여자		
키(cm)	체중(kg)	1일 권장 열량(kcal)	키(cm)	체중(kg)	1일 권장 열량(kcal)
122	23.8	1600	120	22.9	1500
138	34.5	1900	138	32.6	1700
159	49.6	2400	155	46.5	2000

나에게 필요한 열량을 찾고, 나에게 알맞은 일일 식단을 구성하시오.
(단, 식단 작성은 QR코드에 링크된 홈페이지를 활용한다.)

식단 작성

① 나에게 필요한 1일 권장 열량 :　　　　kcal

② 나의 일일 식단 총 열량 :　　　　kcal

아침		점심		간식		저녁	
메뉴	열량(kcal)	메뉴	열량(kcal)	메뉴	열량(kcal)	메뉴	열량(kcal)
총열량		총열량		총열량		총열량	

③ 나의 식단에서 조절해야 할 점 :

탐구보고서

1 탐구 주제 (제목)

2 탐구 문제

3 탐구 방법

④ 탐구 결과 및 결론

⑤ 탐구에 대한 나의 의견 (고민, 아쉬운 점, 느낀 점, 새로 알게 된 점, 더 연구하고 싶은 점)

🎲 활동 평가표

주제	나의 적절한 표준 체중은?			
영역	**평가 기준**	**평가 척도**		
		우수	보통	노력 요함
활동 목표 성취	주어진 자료를 효과적으로 해석할 수 있도록 그래프로 변환할 수 있었다.			
	주어진 표준 키와 몸무게 자료와 표준 체중을 구할 때 고려해야 할 사항을 조합하여 향후 5년간 나의 적절한 표준 체중을 구하는 식을 세울 수 있었다.			
	향후 5년간 나의 적절한 표준 체중을 구하는 식을 세우면서 창의적 문제해결력을 기를 수 있었다.			
	이 수업을 통해 통합능력과 의사소통능력이 향상되었다.			
활동 측정 요소	논리성 — 전개과정과 문제해결에서 전후가 명확하며, 원인과 결과 및 사용되는 이론적 배경이 분명하다.			
	복합성 — 몇 가지의 상이한 요소, 부분 또는 다양한 단계를 포함하고 있다.			
	표현력 — 사물이나 자연 및 사회 현상을 창의적으로 분명하게 표현하고 있다.			
	가치성 — 정보로서 가치 있고, 중요한 것이라고 생각할 수 있다.			
	유용성 — 실제로 적용하여 사용할 수 있음이 분명하다.			
종합 및 기타 의견				

평가 시 유의사항

※ 활동 평가표는 팀별 프로젝트 활동 중 또는 활동이 끝난 후 작성한다.

※ 활동 평가표의 작성 및 평가 시 유의점은 아래와 같다.

- '평가 척도'는 우수, 보통, 노력 요함이며 해당되는 란에 ∨표 한다.
- 활동 목표는 이 수업을 통해 얻게 된 결과물을 중심으로 평가한다.
- 활동 측정 요소 평가는 이 활동을 통해 얻게 되는 결과물의 교육적 효과를 중심으로 평가한다.
- 종합 및 기타 의견에는 수업과 관련한 특이사항 및 종합, 느낀 점, 기타 사항을 기술한다.

안쌤의 창의적 문제해결력

수학
6

5·6
학년

살기 좋은 도시

미국 컨설팅업체 머서(Mercer)는 전 세계 231개 도시를 대상으로 39개 항목을 평가해 2019년 3월 13일에 '2019년 삶의 질에 대한 도시 순위'를 발표했다.

세계에서 가장 살기 좋은 도시 1위는 오스트리아 비엔나(빈)로 나타났다. 비엔나는 10년 연속 1위를 지키고 있다. 2위는 스위스 취리히, 3위는 뉴질랜드 오클랜드, 독일 뮌헨, 캐나다 밴쿠버가 공동으로 차지했다. 세계적인 관광 도시 프랑스 파리는 39위, 영국 런던은 41위에 올랐다. 한국 도시는 서울 77위, 부산 94위를 차지했다.

2019년에는 해외 진출 시 인재와 기업 모두 중요하게 생각하는 도시 안전도 순위도 발표했다. 각 도시의 내부 안전성과 범죄 수준, 치안, 개인 자유 제한, 다른 국가와의 관계, 출판의 자유 등에 대해 전 세계 도시들을 비교해 본 결과, 룩셈부르크가 도시 안전 부문에서 1위를 차지했다. 서울과 부산은 도시 내부 안전 항목에서는 높은 점수를 받았으나, 점수 가중치가 큰 항목인 다른 국가와의 관계 부문에서 북한과의 긴장관계, 일본과의 독도분쟁 등으로 다소 낮은 점수를 받아 부산은 99위, 서울은 106위를 차지했다.

살기 좋은 도시, 비엔나

오스트리아 비엔나

스위스 취리히

뉴질랜드 오클랜드

독일 뮌헨

1 국제적 컨설팅 업체 머서(Mercer)는 세계 231개 도시 중 살기 좋은 도시를 어떻게 선정했을지 추리하여 서술하시오.

2 우리나라에서 가장 살기 좋은 도시를 선정하려고 한다. 자신이 생각하는 살기 좋은 도시의 조건을 적고, 이를 탐구할 수 있는 방법을 서술하시오.

통계청, e-나라지표

1 다음은 우리나라 6개의 주요 도시에 대한 자료이다.

구분	A 도시	B 도시	C 도시	D 도시	E 도시	F 도시
인구밀도 (명/km^2)	4,456	16,529	3,029	2,862	1,188	89
1인당 총생산(만 원)	1,766	2,737	1,684	1,759	1,984	2,020
인구 천 명당 범죄 발생 건수(회)	35.1	33.8	42.6	32.6	30.4	37.5
주택 가격 상승률(%)	3.8	4.0	1.1	3.0	2.7	3.1
소비자 물가 상승률(%)	1.5	1.4	1.3	1.0	1.2	1.1
인구 천 명당 의료기관 침대 수(개)	15.1	7.8	14.7	13.1	8.6	11.4
교사 1인당 학생 수(명)	17.1	16.6	17.7	17.5	17.6	14.9
인구 천 명당 공원면적(km^2)	16.2	14.4	13.1	15.9	15.8	26.4
실업률(%)	4.8	6.0	4.7	4.9	5.3	5.0

[1] 살기 좋은 도시를 선정하는 데 필요한 의미 있는 자료를 선택하고, 그 자료를 효과적으로 분석할 수 있도록 그래프로 나타내시오.

[2] 그래프를 통해 알게 된 사실을 서술하시오.

2 **1** 에서 주어진 자료를 분석하여 우리나라에서 가장 살기 좋은 도시를 선정하고, 탐구 과정을 서술하시오.

탐구 과정

가장 살기 좋은 도시

1 6개의 도시 중 내가 선정한 도시가 실제로 가장 살기 좋은 도시라고 할 수 있을까? 가장 살기 좋은 도시를 실제와 가깝게 선정하기 위해서 STEP 2 **1** 자료에서 주어진 항목 외에 어떤 항목이 더 필요한지 서술하시오.

2 1920년대 중국은 내전 중이었다. 십만 병사들을 이끌고 적진을 향해 진격하고자 한 한 장수는 눈앞에 큰 강을 만나게 되었다. 장수는 참모에게 강의 평균 수심과 병사의 평균 키를 조사하라고 지시했고, 참모는 조사 결과 강의 평균 수심은 1.4 m이고 병사의 평균 키는 1.65 m라고 답했다. 평균 수심이 병사의 평균 키보다 낮다고 판단한 장수는 걸어서 강을 건너는 것이 가능하다고 판단하고 진격을 명했다. 이 부대는 목적지를 향해 순조롭게 진군할 수 있었을지 이유와 함께 서술하시오.

3 출구조사는 투표소로부터 50 m 이상 떨어진 곳에서 투표를 마치고 나오는 유권자들을 대상으로 투표 내용을 조사하여 선거에 활용하는 여론 조사 방법이다. 출구조사는 신뢰도가 높은 편이라고는 하나 실제 선거 결과와 일치하지 않는 경우가 종종 있다.

2012년 12월 19일은 제18대 대통령 선거날이었다. KBS · MBC · SBS는 미디어리서치 등 3개 조사기관에 의뢰해 19일 오후 6시 출구조사 결과를 발표했다. 박근혜 새누리당 후보 50.1 %, 민주통합당 문재인 후보 48.9 %였다. 최대 허용 오차범위가 95 % 신뢰 수준에서 ±0.8 %이므로, 박 후보는 49.3~50.9 %, 문 후보는 48.1~49.7 % 사이에서 득표율이 나와야 한다. 그러나 19일 자정 박 후보 51.6 %, 문 후보 48.0 %로 오차범위를 벗어난 득표율을 기록했다. JTBC 출구조사에서는 박 후보 49.6 %, 문 후보 49.4 %로 두 후보 간의 격차가 더 좁았으며, YTN 출구조사에서는 문 후보가 오차범위 내에서 우세한 것으로 나와 당선자 예측이 틀리기도 했다. 결국 개표 결과에 따라 YTN은 사과방송을 해야 했고, JTBC 역시 예측이 빗나간 데 대한 사과자막을 내보냈다.

출구조사의 신뢰도를 높이기 위한 방법을 고안하시오.

탐구보고서

① 탐구 주제 (제목)

② 탐구 문제

③ 탐구 방법

④ 탐구 결과 및 결론

⑤ 탐구에 대한 나의 의견 (고민, 아쉬운 점, 느낀 점, 새로 알게 된 점, 더 연구하고 싶은 점)

탐구 결과 및 결론

🎲 활동 평가표

주제	살기 좋은 도시			

영역	평가 기준	평가 척도		
		우수	보통	노력 요함
활동 목표 성취	주어진 자료를 해석하기 쉽게 그래프로 나타내고, 그래프를 통해 자료를 해석할 수 있었다.			
	어떤 결과를 이끌어 내기 위해 주어진 자료에서 필요한 통계 자료를 선택하고 이를 분석할 수 있었다.			
	우리나라에서 살기 좋은 도시를 선정하는 과정을 통해 창의적 문제해결력을 기를 수 있었다.			
	이 수업을 통해 통합능력과 의사소통능력이 향상되었다.			
활동 측정 요소	논리성	전개 과정과 문제 해결에서 전후가 명확하며, 원인과 결과 및 사용되는 이론적 배경이 분명하다.		
	변형 가능성	사람들로 하여금 이 분야를 전혀 새로운 방식으로 보거나 생각하게 만들고 있다.		
	발전 가능성	앞으로 새로운 산출물들을 만들어 낼 수 있는 새로운 아이디어들을 많이 시사해 주고 있다.		
	가치성	정보로서 가치 있고, 중요한 것이라고 생각할 수 있다.		
	기능적 솜씨	이 산출물은 논리적으로 치밀하여, 도입 전개 결론에 이르는 전개과정이 높은 수준의 성취라고 할 수 있다.		
종합 및 기타 의견				

평가 시 유의사항

※ 활동 평가표는 팀별 프로젝트 활동 중 또는 활동이 끝난 후 작성한다.

※ 활동 평가표의 작성 및 평가 시 유의점은 아래와 같다.

　– '평가 척도'는 우수, 보통, 노력 요함이며 해당되는 란에 ∨표 한다.

　– 활동 목표는 이 수업을 통해 얻게 된 결과물을 중심으로 평가한다.

　– 활동 측정 요소 평가는 이 활동을 통해 얻게 되는 결과물의 교육적 효과를 중심으로 평가한다.

　– 종합 및 기타 의견에는 수업과 관련한 특이사항 및 종합, 느낀 점, 기타 사항을 기술한다.

안쌤의 창의적 문제해결력

수학

7

5·6 학년

균형적이고 이상적인 집

황금비(Golden Ratio)란 인간이 인식하기에 가장 균형적이고 이상적으로 보이는 비율을 뜻한다. 과거 그리스의 수학자 피타고라스는 만물의 근원을 수(數)로 보고 수학적 법칙에 따라 세상을 표현하고자 했다.

정오각형의 각 꼭짓점을 대각선으로 연결하면 내부에 별 모양이 생기고 별 내부에는 또 다른 정오각형이 만들어진다. 정오각형 별에서 짧은 변과 긴 변의 길이의 비는 5 : 8이다. 이때, 짧은 변을 1로 하면, 5 : 8은 1 : 1.6 이 된다. 이것이 황금비이다. 이것은 (정오각형 별의 변의 길이) : (정오각형 별의 긴 변의 길이)=(정오각형 별의 긴 변의 길이) : (정오각형 별의 짧은 변의 길이), 13 : 8 ≒ 8 : 5를 만족한다.

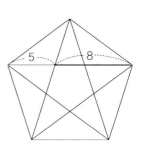

그리스의 수학자 유클리드가 선분의 분할을 이용해 황금비에 대한 이론을 구체화시키면서 일반적으로 1.618033989…에서 소수 셋째 자리까지만 나타낸 1.618을 황금비로 명하였다. 그렇다면 황금비가 활용된 것에는 어떠한 것들이 있을까?

그리스 아테네의 파르테논 신전, 이집트의 피라미드, 비너스 조각상과 모나리자 등 과거 유물과 작품 속에서 1.618의 황금비를 찾아볼 수 있다. 주위를 둘러보면 자연에서도 황금비로 이루어진 부분을 찾아볼 수 있다. 해바라기 꽃의 씨의 배열, 솔방울 씨의 배열, 국화 꽃잎의 배열 등에도 황금비가 적용되어 있다.

◎ 비너스 상

◎ 파르테논 신전

◎ 모나리자

1 다음과 같이 점 P가 선분 AB를 두 부분으로 나누고 있다. $\overline{AP} : \overline{PB}$가 황금비율이 되기 위한 조건을 비례식으로 쓰시오. (단, $\overline{AP}$가 $\overline{PB}$보다 크다.)

A   P   B

2 다음과 같이 솔방울 껍질과 해바라기 씨들의 배열에서 씨들이 두 가지 나선을 그리는 것을 볼 수 있다. 나선의 수가 적을 때와 많을 때의 비를 구하고, 방향에 따라 나선 개수가 가지는 특징을 서술하시오.

⬆ 솔방울 껍질   ⬆ 해바라기 씨

자연 속의 황금비

1 다음은 피보나치 수열을 나열한 것이다. 피보나치 수열의 뒤 수에 대한 앞 수의 비는 황금비를 의미한다고 한다. 이 수열에서 규칙성을 3가지를 서술하고, 황금비를 계산하여 소수 셋째 자리까지 나타내시오.

1, 1, 2, 3, 5, 8, 13, 21, 34, 55, 89, ……

2 다음 순서에 따라 황금비를 측정할 수 있는 황금 분할자를 만드시오.

[황금 분할자 만들기]
① 부록(p.99)을 두꺼운 종이에 붙인다.
② 두꺼운 종이를 잘라 막대 4개를 만든다.
③ 동그라미로 표시된 곳에 펀치로 구멍을 뚫고 할핀을 꽂아 다음 그림과 같이 고정한다.

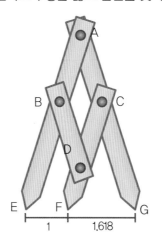

[1] 황금 분할자를 이용하여 다음 그림에서 황금비를 찾아 표시하시오.

＊ 부록(p.96)의 다양한 그림에서 황금비를 찾아보세요.

[2] 황금비를 활용하여 아름답고 편안하게 보이는 나만의 집을 디자인하시오.

1 다음은 교통 카드의 황금비를 나타낸 것이다. 우리가 자주 사용하는 물건들 중에도 황금비가 적용된 것들이 많이 있다. 우리 주변에서 황금비가 사용된 것을 찾아 5가지 쓰시오.

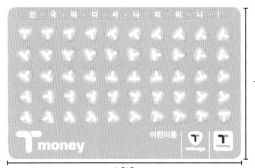

1.618

2 우리가 많이 사용하는 A4용지의 크기는 가로가 210 mm, 세로가 297 mm이다. A4용지의 크기는 황금비를 이루고 있는 것 같지만, 297÷210=1.4142……이므로 황금비를 이루고 있다고 할 수 없다. A4용지에 황금비가 아닌 다른 비율을 사용하는 이유를 추리하여 서술하시오.

3 초창기 스마트폰 콘셉트로 국내에 등장한 PDA폰은 3인치 대의 화면이었으나, 현재는 5인치 대의 대형 크기의 스마트폰을 많이 볼 수 있다. 스마트폰은 크기도 중요하지만 화면 비율도 중요하다. 다음은 다양한 비율을 지닌 스마트폰의 모습이다.

- 2 : 3의 비율 - 9 : 16의 비율 - 9 : 15의 비율 - 9 : 16의 비율 - 10 : 16의 비율 - 3 : 4의 비율

[1] 스마트폰을 구입한다면 어떤 화면 비율을 선택할지 이유와 함께 서술하시오.

[2] 삼성전자가 2014년 3월 21 : 9의 비율을 갖춘 스마트폰 디자인 특허를 얻었다. 21 : 9 비율의 스마트폰은 기존의 스마트폰보다 훨씬 더 길쭉한 형태이다. 화면과 전체 크기의 비율을 고려하여 새로운 스마트폰을 디자인하고 장점을 서술하시오.

탐구보고서

① 탐구 주제 (제목)

② 탐구 문제

③ 탐구 방법

4 탐구 결과 및 결론

5 탐구에 대한 나의 의견 (고민, 아쉬운 점, 느낀 점, 새로 알게 된 점, 더 연구하고 싶은 점)

 **활동 평가표**

주제	균형적이고 이상적인 집			

영역	평가 기준	평가 척도		
		우수	보통	노력 요함
활동 목표 성취	황금비의 정의를 이해하고 설명할 수 있었다.			
	황금 분할자를 이용해 우리 주위의 다양한 물체에 숨어있는 황금비를 찾을 수 있었다.			
	황금비를 이용하여 균형적이고 이상적인 집을 디자인하면서 창의적 문제해결력을 기를 수 있었다.			
	이 수업을 통해 통합능력과 의사소통능력이 향상되었다.			
활동 측정 요소	독창성	기존의 것에서 탈피하여 참신하고 독특한 아이디어를 제시하고 있다.		
	발전 가능성	앞으로 새로운 산출물들을 만들어 낼 수 있는 새로운 아이디어들을 많이 시사해 주고 있다.		
	표현력	사물이나 자연 및 사회 현상을 창의적으로 분명하게 표현하고 있다.		
	가치성	정보로서 가치 있고, 중요한 것이라고 생각할 수 있다.		
	유용성	실제로 적용하여 사용할 수 있음이 분명하다.		
종합 및 기타 의견				

평가 시 유의사항

※ 활동 평가표는 팀별 프로젝트 활동 중 또는 활동이 끝난 후 작성한다.
※ 활동 평가표의 작성 및 평가 시 유의점은 아래와 같다.
 - '평가 척도'는 우수, 보통, 노력 요함이며 해당되는 란에 ∨표 한다.
 - 활동 목표는 이 수업을 통해 얻게 된 결과물을 중심으로 평가한다.
 - 활동 측정 요소 평가는 이 활동을 통해 얻게 되는 결과물의 교육적 효과를 중심으로 평가한다.
 - 종합 및 기타 의견에는 수업과 관련한 특이사항 및 종합, 느낀 점, 기타 사항을 기술한다.

창의적인 암호

정보란 중요한 자원이어서 여러 사람이 공유할수록 그 가치는 떨어진다. 모두가 아는 정보는 가치 있는 정보가 아니다. 정보를 아느냐 모르느냐에 따라 사람의 생사가 갈리기도 하고 전쟁의 승패가 갈리기도 한다. 따라서 누군가와 정보를 공유하려면 제3자에게 누설되지 않아야 한다. 그러나 사람이 주고받는 말이나 글은 다른 사람이 듣고 읽기 쉬운 법이다. 낮말 듣는 새와 밤말 듣는 쥐를 피할 수 없다면, 정보를 주고받는 사람만 알 수 있는 보조 정보를 이용하는 수밖에 없다. 그것이 바로 암호이다.

정보를 주고받는 사람이 둘뿐이라면 그나마 간단하다. 둘만 아는 비밀 단어를 정하는 것만으로도 중요한 정보가 노출되는 일이 줄어든다. 그러나 정보를 주고받는 사람들의 규모가 커지고 전달하려는 내용이 복잡해지면, 비밀 단어 몇 개를 정하는 정도로는 별 쓸모가 없다. 어떻게 하면 비밀을 유지하면서 효율적으로 정보를 주고받을 수 있을까?

정보과학기술의 발달과 컴퓨터의 등장으로 정보를 보호하는 것이 어려워짐에 따라 현대의 암호는 복잡하고 어려워졌다.

1 고대 스파르타에서는 길이와 굵기가 같은 원통형의 나무 봉 2개로 비밀 통신을 하였다. 이 나무 봉에 양피지를 나선형으로 둘둘 감아 글을 쓰고, 받는 사람도 나무 봉에 감아 글을 읽었다. 이 나무 봉을 '스키테일'이라고 하고, 이 나무 봉을 사용하여 만든 암호를 '스키테일 암호'라고 한다.

[1] 부록(p.101-암호 1)을 이용하여 스키테일 암호문을 해석하시오.

라팡란력카작톤결누룬욱해만하란제속리파문라카속적크신앙의니적진창라

[2] 부록(p.101-암호2)을 이용하여 스키테일 암호문을 해석하시오.

쓸모자학서도이수에여어쌤활보언안생어의다실없학이은가과초학모든기수

1 로마의 줄리어스 시저는 친구들에게 소식을 전할 때 다른 사람들이 알아보지 못하도록 문자를 다른 문자로 치환한 암호를 사용하였다. 다음 원문과 암호문을 보고 어떤 수학적 규칙이 있는지 찾아 서술하시오.

원문 : RETURN TO ROME

암호문 : UHWXUQ WR URPH

2 다음 암호문은 '절대 암호'를 활용하여 만든 것이다. 절대 암호와 암호문의 수학적 규칙을 찾아 암호문을 해석하시오.

절대 암호 : 문제해결

암호문 : 이만학바다문기드교꿔제계는육야풀를수을한

3 암호를 만들 때는 모순과 수학적인 오류가 없는 암호 체계를 만들어야 한다. 나만의 창의적인 암호 체계를 만들고, 암호문을 만드시오.

암호 체계

암호문

1 다음은 온라인 비밀번호 관리에 관한 글이다.

2014년 8월 러시아 해킹 그룹이 42만 개 웹사이트에서 사용자 이름과 비밀번호 12억 개를 확보한 소식이 전해졌다. 세계적인 해킹사고에 보안전문가들이 가장 먼저 당부한 것은 '비밀번호 관리'다. 2차 피해를 막기 위해서 가장 먼저 손써야 하는 부분인 것이다. 비단 기업뿐 아니라 개인 사용자들에게도 비밀번호 관리는 정보 유출을 막는 첫 번째 과제이다.

갈수록 다양한 웹사이트에서 비밀번호를 사용하기 때문에 비밀번호 관리에 소홀한 사용자들이 대다수다. 보안전문가들은 기억하기 쉬운 번호를 동시에 여러 웹사이트에서 사용하는 것은 최악의 관리법이라고 지적한다.

한국인터넷진흥원(KISA)에서 발표한 위험한 비밀번호 유형을 보면, 우선 7자리 이하 또는 두 가지 종류 이하의 문자 구성으로, 8자리 이하 비밀번호는 보안을 위해 피해야 하는 유형이라고 한다. 해커가 암호 해독을 하는데 단 몇 분, 몇 초 밖에 걸리지 않기 때문이다. 또 'abcabc' 'ekbox2' 등과 같이 동일한 문자가 반복되거나 숫자가 제일 앞이나 뒤에 오는 구성의 비밀번호도 보안성이 떨어진다고 경고했다.

[1] 암호는 전쟁과 같은 특수한 상황에서 사용되는 경우가 대부분이지만 비밀번호의 경우 문을 열 때, 메일을 확인할 때, 스마트폰을 켤 때와 같이 우리가 가장 흔히 사용하는 보안을 위한 도구이다. 이러한 비밀번호를 정할 때 고려해야 할 점을 3가지 서술하시오.

[2] 숫자와 알파벳을 이용해 오늘부터 사용할 새로운 비밀번호를 정하고 비밀번호를 정한 방법을 이유와 함께 서술하시오.

2 다음은 스마트폰의 잠금 해제 방식 중 비밀번호를 이용하는 방법과 패턴을 이용하는 방법이다. 두 가지 방법 중 더 효과적인 방법을 고르고 그 이유를 서술하시오.

⬆ 비밀번호 이용

⬆ 패턴 이용

3 다음은 새로운 스마트폰 잠금 해제 방법인 노크 코드에 대한 글이다. 과거에 4자리의 비밀번호를 사용했던 스마트폰의 잠금 해제 방법이 점점 발전하고 있다. 스마트폰의 잠금 해제 방법으로 사용할 수 있는 새로운 아이디어를 고안하고 원리를 서술하시오.

'똑똑' 두드리면 잠금 해제, 노크 코드

○○전자는 최신 스마트폰을 통해 '노크 코드'라는 화면 잠금 해제 방식을 선보였다. 노크 코드는 스마트폰 화면이 꺼진 상태에서 화면을 노크하면(두드리면) 홈 화면을 열 수 있는 기능이다. 화면 아무 곳에나 노크 패턴을 입력하면 잠금 해제되어 한 손으로도 간편하게 사용할 수 있다. 스마트폰 전원을 켤 필요가 없는 것도 장점이다. 구현 방식은 간단하지만 8만 가지 이상의 조합이 가능해 보안이 우수하다는 평을 받고 있다.

탐구보고서

① 탐구 주제 (제목)

② 탐구 문제

③ 탐구 방법

④ 탐구 결과 및 결론

⑤ 탐구에 대한 나의 의견 (고민, 아쉬운 점, 느낀 점, 새로 알게 된 점, 더 연구하고 싶은 점)

주제	창의적인 암호				

영역	평가 기준		평가 척도		
			우수	보통	노력 요함
활동 목표 성취	다양한 종류의 암호의 원리를 알고 암호를 해석할 수 있었다.				
	모순과 수학적인 오류가 없는 나만의 암호체계를 설계할 수 있었다.				
	나만의 창의적인 암호를 만들면서 창의적 문제해결력을 기를 수 있었다.				
	이 수업을 통해 통합능력과 의사소통능력이 향상되었다.				
활동 측정 요소	독창성	기존의 것에서 탈피하여 참신하고 독특한 아이디어를 제시하고 있다.			
	논리성	전개과정과 문제해결에서 전후가 명확하며, 원인과 결과 및 사용되는 이론적 배경이 분명하다.			
	표현력	사물이나 자연 및 사회 현상을 창의적으로 분명하게 표현하고 있다.			
	유기적 조직성	전체성, 즉 완전하다는 느낌을 가지게 해 주고 있다.			
	유용성	실제로 적용하여 사용할 수 있음이 분명하다.			
종합 및 기타 의견					

평가 시 유의사항

※ 활동 평가표는 팀별 프로젝트 활동 중 또는 활동이 끝난 후 작성한다.

※ 활동 평가표의 작성 및 평가 시 유의점은 아래와 같다.

　– '평가 척도'는 우수, 보통, 노력 요함이며 해당되는 란에 ∨표 한다.

　– 활동 목표는 이 수업을 통해 얻게 된 결과물을 중심으로 평가한다.

　– 활동 측정 요소 평가는 이 활동을 통해 얻게 되는 결과물의 교육적 효과를 중심으로 평가한다.

　– 종합 및 기타 의견에는 수업과 관련한 특이사항 및 종합, 느낀 점, 기타 사항을 기술한다.

안쌤이 추천하는

초등학생 수학 대회 안내

[연간 진행되는 수학 대회 중 주요 대회 리스트]

4월 초등수학 창의사고력 대회
- 서울교육대학교 주최

9월 창의적 산출물 발표대회
- 영재교육원, 영재학급 주최

9월 영재교육대상자 선발
- 교육청 주최

01 초등수학 창의사고력대회

◢ 목적

초등학생의 수학에 대한 흥미를 증진시키고, 수학에 대한 관심과 이해 정도를 파악할 수 있는 기회를 제공한다.

◢ 주최 · 주관 서울교육대학교 · 기초과학교육연구원

◢ 대상 및 참가인원

- 대상 : 전국 초등학교 3, 4, 5, 6학년 학생
- 참가비 : 40,000원(접수비 6,000원 포함)

◢ 일시 및 장소

- 접수 기간 : 4월(홈페이지 참고)
- 시험 일시 : 4월(홈페이지 참고)
- 시험 장소 : 서울교육대학교

◢ 시험 형식 및 출제 방향

- 시험 형식 : 주관식(단답형＋서술형) 문항
- 출제 범위 : 하위 학년 전 과정~해당 학년 1학기 전 과정
- 출제 방향 : 하위 학년 전 과정~해당 학년 1학기 전 과정
  - 학교에서 학습한 모든 과목의 기초 지식을 활용하여 창의적으로 문제를 해결하는 능력을 평가한다.
  - 6개 수학 능력(수리능력, 공간능력, 표상능력, 추론능력, 종합능력, 창의능력)의 수준을 평가한다.

◢ 홈페이지 http://bsedu.snue.ac.kr

1 어느 지하철역에는 에스컬레이터 옆에는 에스컬레이터와 같은 크기와 개수의 계단이 있다. 이 에스컬레이터는 1개 층을 올라가거나 내려가는 데 걸리는 시간이 똑같이 30초가 걸린다. 진수가 이 에스컬레이터 옆에 있는 계단을 뛰어서 1개 층을 내려가는 데는 15초가 걸린다. —종합능력

① 진수가 내려가고 있는 에스컬레이터의 계단을 뛰어서 내려가면 1개 층을 내려가는 데 몇 초가 걸리는지 구하시오.

② 진수가 올라오고 있는 에스컬레이터의 계단을 뛰어서 내려가면 1개 층을 내려가는 데 몇 초가 걸리는지 구하시오.

[모범답안] ① 10초 ② 30초
[해설]
① 1개 층의 계단이 30개라고 가정하면 에스컬레이터는 1초에 1개, 뛰면 1초에 2개를 움직인다. 내려가는 에스컬레이터에서 뛰어 내려가면 1초에 3개를 내려가는 것과 같으므로 1개 층(30개)을 내려가는 데 10초 걸린다.
② 1개 층의 계단이 30개라고 가정하면 에스컬레이터는 1초에 1개, 뛰면 1초에 2개를 움직인다. 올라오고 있는 에스컬레이터에서 뛰어 내려가면 1초에 1개를 내려가는 것과 같으므로 1개 층(30개)을 내려가는 데 30초 걸린다.

2 아래 그림과 같이 정사각형 타일 5개, 4개로 만든 두 종류의 모양 (㉠, ㉡)이 있다. 이 두 가지 모양 각각을 4개씩 사용하여 직사각형을 만들었을 때 둘레의 길이가 가장 긴 것과 가장 짧은 것의 차이를 구하시오. —창의능력

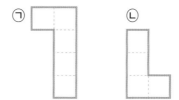

[모범답안] 16
[해설] 둘레의 길이가 가장 긴 경우는 사각형의 가로와 세로의 길이차가 가장 클 때이고, 둘레의 길이가 가장 짧은 경우는 정사각형일 때이다.

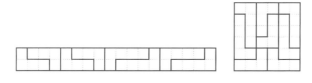

둘레의 길이가 가장 길 때
: (2×2) + (18×2) = 40
둘레의 길이가 가장 짧을 때
: 6×4 = 24
차 : 40 − 24 = 16

02 창의적 산출물 발표대회

목적

- 학생들의 주변 사물에 대한 탐구능력 및 창의지성 함양
- 창의성 및 탐구능력 계발로 영재교육 수업의 혁신
- 자기주도적 학습으로 글로벌 영재 육성

주최 · 주관 영재교육원 · 영재학급

참가 대상

영재교육기관에서 영재교육을 받고 있는 학생 중 운영기관 자체 선발대회를 거쳐 선정된 학생과 지도교사

운영 방법

- 구성 : 지도교사 1인과 학생 4인 이내로 구성(산출물은 개인별로 연구 및 발표)
- 지도 : 학생 개인별 자율탐구가 원칙(지도교사의 교과수업내용과 연계 가능)
  지도교사가 탐구과정 확인 및 피드백실시(연간 12시간 지도 및 수시 지도)

추진 일정

일정	추진 사항
4~5월	산출물 주제 선정
7월	산출물 탐구과정 중간 발표
9월	산출물 최종 발표
9~10월	최종 산출물 및 보고서 전시

※ 지역별로 일정이 다를 수 있으니 반드시 해당 영재교육원 및 영재학급 공고를 확인하세요.

🔍 평가 계획

- 산출물 과정평가(10점)+중간발표 및 결과물(10점)+최종발표 및 결과물(10점)=30점
- 산출물 발표 및 결과물 평가는 지도교사 전원이 협의하여 2회(중간, 최종) 실시한다.
- 발표 심사
  - 개인별 5분 이내 발표, 2분 이내 질의응답으로 심사함
  - 기존 작품의 표절이나 대리 연구에 의한 작품일 경우 감점 또는 심사에서 제외

영역		심사 기준
의사 소통 능력	유창성	청중을 고려하여 적절한 목소리와 발음으로 발표하는가?
	명확성	연구 진행과정을 상세하고 명확하게 진술하였는가?
	논리성	연구결과와 결론을 설득력 있게, 논리적으로 제시하였는가?
	정확성	자신들의 개념이해 수준을 적절한 용어를 활용하여 표현하고 있는가?
	태도	발표 태도가 진지하며 발표시간을 지켜서 발표하는가?

- 보고서 심사 : 산출물 보고서의 탐구과정 및 결과를 심도 있게 심사

영역		심사 기준
과제 수행 및 자료 구성	독창성	선정 주제가 학생의 학습 수준 내에서 새로운 아이디어를 많이 시사해주고 있는가?
	표현력	탐구목적, 방법, 결과 및 해석이 분명하고 충분히 설명되어 이해하기 쉬운가?
	논리성	결론 도출 과정이 합리적이고 논리적인가?
	지속성	과제 수행하는 시간과 노력을 어느 정도 들였는가?
	반성	자신들의 강점과 약점을 보고하는가?

- 발표회에 참여하지 않고 보고서로 대체한 경우에 발표점수는 과정평가 평균점수를 3점 만점으로 환산한 점수를 부여하고, 결과물 점수는 최대 5점 이하의 점수 부여한다.

03 영재교육 대상자 선발

영재교육원 종류 및 시기

기관	선발 방법	선발 시기
교육지원청 영재교육원	창의적 문제해결력 및 면접 평가	11월~12월
단위학교 영재교육원	창의적 문제해결력 및 면접 평가	11월~12월
직속기관 영재교육원	창의적 문제해결력 및 면접 평가	11월~12월
영재학급	창의적 문제해결력 및 면접 평가	2월~3월
대학부설 영재교육원	창의적 문제해결력 및 면접 평가	8월~11월

※ 지역별로 선발 과정이 다를 수 있으니 반드시 해당 영재교육원 모집 공고를 확인하세요.

일정 및 방법

• 교육지원청 영재교육원 및 직속기관, 단위학교 영재교육원

단계	주관	일정	세부 내용
지원 단계	학생	11월	• GED에서 지원서, 자기체크리스트 작성 • 지원서를 출력하여 소속 학교 담임교사에게 제출
추천 단계	소속 학교	11월	• 담임교사 학생 지원 자료 확인 및 창의적인성검사 제출 • 학교추천위원회 학교별 지원자 명단 확인 후 최종 추천
창의적 문제해결력 및 면접 평가 단계	교육지원청	12월	• 창의적 문제해결력 및 면접 평가 실시
최종 합격자 발표	교육지원청	12월	• 아래 합산 성적순 　－교사 체크리스트 : 20점 　－창의적 문제해결력 평가 : 70점 　－면접 : 10점

유의 사항

• 동일 교육청 소속 영재교육원 중복 지원 불가

• 동일 학년도 내에서 영재교육기관 합격자는 타 영재교육기관에 지원 불가

• 중복 지원이 허용되는 경우 중복 합격이 가능하지만 중복 등록은 불가

창의적 문제해결력

1 모바일 게임에서 금화를 모아 장비를 살 수 있다. 각 장비를 사기 위한 조건은 다음과 같다. 4가지 장비를 모두 사하기 위해서는 총 몇 개의 금화가 필요한지 풀이 과정과 함께 구하시오.

> • 칼 : 금화 5개
> • 방패 : 칼 두 자루 + 금화 3개
> • 갑옷 : 방패 2개 + 금화 4개
> • 말 : 칼 한 자루 + 방패 3개 + 갑옷 두 벌

[모범답안]
- 칼 = 금화 5개
- 방패 = 칼 두 자루 + 금화 3개 = 금화 (5×2)개 + 금화 3개 = 금화 13개
- 갑옷 = 방패 2개 + 금화 4개 = 금화 (13×2)개 + 금화 4개 = 금화 30개
- 말 = 칼 한 자루 + 방패 3개 + 갑옷 두 벌 = 금화 5개 + 금화 (13×3)개 + 갑옷 (30×2)개
    = 금화 5개 + 금화 39개 + 금화 60개 = 금화 104개

따라서 4가지 장비를 모두 사기 위해서 필요한 금화의 개수는 5 + 13 + 30 + 104 = 152(개)이다.

2 ○ 안에 사칙계산(+, −, ×, ÷)을 한 번씩 사용하여 계산한 값이 최소일 때, 그 계산식과 값을 구하시오.

$$\frac{1}{2} \bigcirc \frac{2}{3} \bigcirc \frac{3}{4} \bigcirc \frac{4}{5} \bigcirc \frac{5}{6} = \boxed{}$$

[모범답안] $\dfrac{1}{2} \times \dfrac{2}{3} + \dfrac{3}{4} - \dfrac{4}{5} \div \dfrac{5}{6} = \dfrac{1}{3} + \dfrac{3}{4} - \dfrac{24}{25} = \dfrac{(1 \times 4 \times 25) + (3 \times 3 \times 25) - (24 \times 3 \times 4)}{300} = \dfrac{100 + 225 - 288}{300} = \dfrac{37}{300}$

[해설] 각각의 수를 곱해 가장 작은 수가 되는 곳에 곱셈 기호를 넣고, 남은 수 중 나누기를 통해 가장 큰 수를 만들어 빼면 계산 값이 최소가 된다. 이에 알맞은 사칙계산 부호를 넣어 계산한다.

③ 다음 〈가〉, 〈나〉, 〈다〉에 들어갈 내용을 구하시오. (단, 사용된 수는 1부터 30까지의 수이다.)

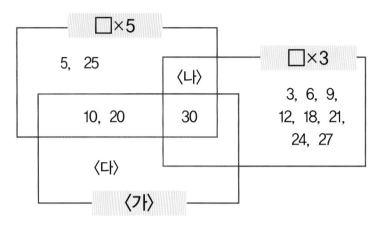

[모범답안] 〈가〉 : ☐×10 , 〈나〉 : 15, 〈다〉 : 없음

[해설] 〈가〉는 10, 20, 30의 수를 포함하므로 ☐×10이다.

〈나〉는 3의 배수이면서 5의 배수이고, 30을 제외한 수이므로 15이다.

〈다〉는 1부터 30까지의 수 중에서 10의 배수이면서 10, 20, 30을 제외한 수이므로 해당하는 수는 없다.

면접 평가

① 다른 친구들과 어울리지 못하는 아이가 있을 때 나라면 어떻게 할 것인지 말해보시오.

[해설] 인성 면접 문제이다. 영재원에서는 대부분 팀으로 탐구하므로 갈등 해소 능력, 겉도는 친구를 포용하는 마음, 다른 사람의 감정을 공감하는 능력 등을 확인하는 질문이 많이 나온다. 미리 적절한 답안을 생각해보는 것이 좋다.

② 나의 장래 희망이 수학이나 과학과 연관 있는지 말해보시오.

[해설] 지원 분야에 맞지 않는 장래 희망보다 지원 분야에 맞는 장래 희망을 말하는 것이 좋다. 자신의 장래 희망과 관련된 수학이나 과학 부분을 찾아보고 사회에 어떤 영향이나 도움을 줄 수 있는지도 함께 찾아서 자신만의 답변을 준비하는 것이 좋다. 수학과 연관있는 꿈은 통계학자, 수학자, 수학교사(중학교, 고등학교), 소프트프로그램 개발자 등이 있다. 과학과 연관 있는 꿈은 물리학자, 천문연구원, 항공우주공학연구원, 인공위성 개발자, 전기전자연구원, 관제사, 기계공학자(엔지니어), 생태학자, 천문학자, 환경공학연구원, 생명공학연구원, 과학교사 등이 있다.

1강. 효율적인 유럽 여행

각 도시별 이동 요금과 이동 시간

	체코 프라하	이탈리아 로마	스위스 베른	스페인 바르셀로나	프랑스 파리	영국 런던	네덜란드 암스테르담	독일 베를린
체코 프라하		$160 1:50	$170 1:40	$180 2:30	$150 1:40	$140 1:50	$230 1:40	$240 1:20
이탈리아 로마	$160 1:50		$180 1:30	$220 1:40	$220 1:40	$240 2:50	$330 2:30	$260 2:10
스위스 베른	$170 1:40	$180 1:30		$200 1:50	$100 4:40	$200 1:40	$200 1:40	$240 1:40
스페인 바르셀로나	$180 2:30	$220 1:40	$200 1:50		$130 1:50	$140 2:00	$260 2:20	$225 2:30
프랑스 파리	$150 1:40	$220 1:40	$100 4:40	$130 1:50		$110 1:20	$350 1:20	$180 1:40
영국 런던	$140 1:50	$240 2:50	$200 1:40	$140 2:00	$110 1:20		$140 1:10	$200 1:40
네덜란드 암스테르담	$230 1:40	$330 2:30	$200 1:40	$260 2:20	$350 1:20	$140 1:10		$120 1:30
독일 베를린	$240 1:20	$260 2:10	$240 1:40	$225 2:30	$180 1:40	$200 1:40	$120 1:30	

Tel 0505-707-1227
E-mail tigar76@daum.net

Mobile
010 3033 9718

대표 **안 재 범**

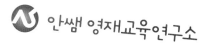

0895 서울시 금천구 범안로 1130 디

 안쌤 영재교육연구소

대표 **안 재 범**
Mobile 010 3033 9718

Tel 0505-707-1227
E-mail tigar76@daum.net

Address 0895 서울시 금천구 범안로 1130 디지털엠파이어 504-1호

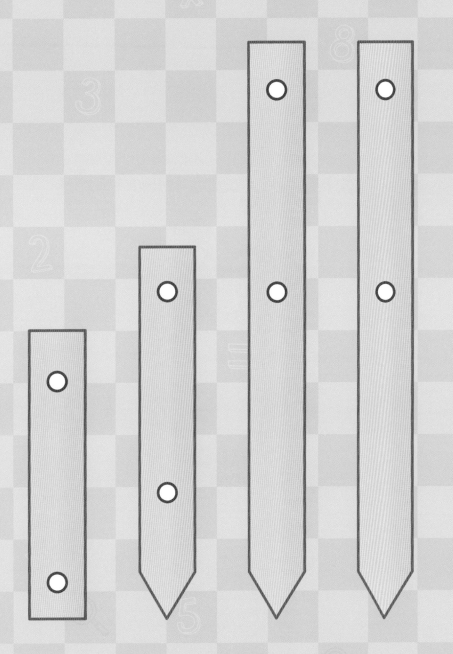

안쌤의 영재교육원 영재학급 관찰추천제 대비
창의적 문제해결력
수학

(암호 1)

라 팡 란 력 카 작 톤 결 누 룬 욱 해 만

하 란 제 속 리 파 문 라 카 속 적 크 신

앙 의 니 적 진 창 라

(암호 2)

과 초 학 모 든 기 수

쓸 모 자 학 서 도 이 수 에 여 어 쌤 활

보 언 안 생 어 의 다 실 없 학 이 은 가

풀칠 풀칠 풀칠 풀칠 풀칠 풀칠 풀칠 풀칠

＊ 같은 번호끼리 이어붙어 길게 연결하세요.

안쌤의 영재교육원 영재학급 관찰추천제 대비

창의적 문제해결력

수학

안쌤이 추천하는
영재교육원 대비 3,4학년 로드맵

STEP

개념+창의력

안쌤의 최상위 줄기과학 초등 시리즈 `학기별 8강, 총 32강`

STEP

문제해결력

안쌤의 창의적 문제해결력 시리즈 `수학 8강, 과학 8강`

STEP

실전테스트

안쌤의 창의적 문제해결력 실전 시리즈 `수학 50제, 과학 50제, 모의고사 4회`

안쌤이 추천하는
영재교육원 대비 5,6학년 로드맵

STEP

개념+창의력

안쌤의 최상위 줄기과학 초등 시리즈 　**학기별 8강, 총 32강**

STEP

문제해결력

안쌤의 창의적 문제해결력 시리즈 　**수학 8강, 과학 8강**

STEP

실전 대비

안쌤의 창의적 문제해결력 실전 시리즈 　**수학 50제, 과학 50제, 모의고사 4회**

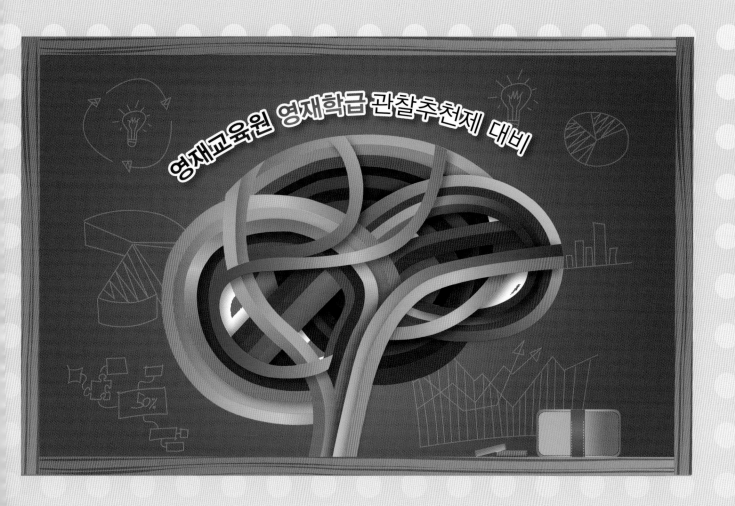

영재교육원 영재학급 관찰추천제 대비

안쌤의
「창의적 문제 해결력」 수학 과학 공통

모의고사

① 모의고사[4회]

- 최근 시행된 전국 관찰추천제 **기출 완벽 분석 및 반영**
- 서울권 창의적 문제해결력 **평가 대비**
- 영재성검사, 학문적성검사, **창의적 문제해결력 검사 대비**

② 평가 가이드 및 부록

- 영역별 점수에 따른 **학습 방향 제시와 차별화된 평가 가이드 수록**
- 창의적 문제해결력 평가와 면접 기출유형 및 예시답안이 포함된 **관찰추천제 사용설명서 수록**

안쌤의
줄기과학 시리즈

새 교육과정
3~4학년
학기별
STEAM 과학

3-1 **8강** 3-2 **8강**   4-1 **8강** 4-2 **8강**

새 교육과정
5~6학년
학기별
STEAM 과학

5-1 **8강** 5-2 **8강**   6-1 **8강** 6-2 **8강**

새 교육과정
중등 영역별
STEAM 과학

물리학 **24강**   화학 **16강**   생명과학 **16강**   지구과학 **16강**   물리학 워크북   화학 워크북

창의적 문제해결력 수학
정답 및 해설

5·6
학년

매스티안

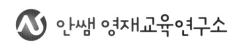

안쌤 영재교육연구소

상위 1%가 되는 길로 안내하는 이정표로,
학생들이 꿈을 이루어갈 수 있도록 콘텐츠 개발과 강의 연구를 하고 있다.

저자 **안쌤 영재교육연구소**

안재범, 최은화, 유나영, 이상호, 추진희, 오아린, 허재이, 이민숙, 이나연, 김혜진, 김샛별

검수

강동규, 김정환, 김종욱, 박선재, 이윤정, 전익찬, 정영숙, 정회은

이 교재에 도움을 주신 선생님

고려욱, 김민정, 김성희, 김정아, 김현민, 김희진, 마성재, 박진국, 백광열, 서윤정, 신석화, 어유선,
유경아, 유영란, 유지유, 윤선애, 이석영, 이은덕, 임성은, 임은란, 장수진, 전진홍, 하정용

안쌤의 창의적 문제해결력 **수학**

정답 및 해설

1강 효율적인 유럽 여행 ·············· 02

2강 서울에 필요한 미용사 수 ·············· 06

3강 우승 팀을 가리는 가장 좋은 방법 ······ 11

4강 튼튼하고 경제적인 체육관 ·············· 16

5강 나의 적절한 표준 체중은? ·············· 20

6강 살기 좋은 도시 ·············· 24

7강 균형적이고 이상적인 집 ·············· 29

8강 창의적인 암호 ·············· 34

STEP 1 문제 인식

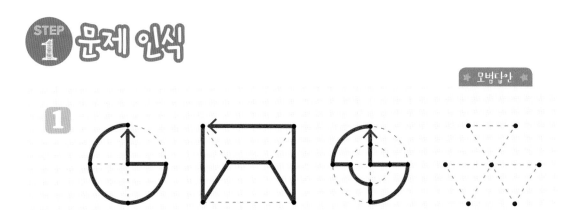

> **해설** 네 번째 그림은 가운데의 점을 여러 번 지나야 모든 점을 지나갈 수 있으므로 해밀턴 경로가 없다.

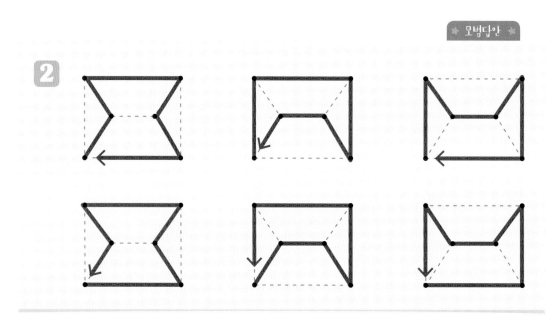

> **해설** 해밀턴 경로 문제는 아직 일반화된 이론이 없다. 따라서 가능한 모든 경우를 찾아야 한다.

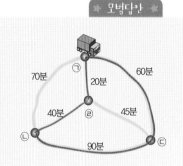

STEP 2 문제 해결

모범답안

1
- 물건을 배달하는데 걸리는 시간이 가장 짧은 경로

  ㄱ-ㄹ-ㄴ-ㄷ-ㄱ : 20분＋40분＋90분＋60분＝210분

  ㄱ-ㄷ-ㄴ-ㄹ-ㄱ : 60분＋90분＋40분＋20분＝210분

- 물건을 배달하는데 걸리는 시간 : 210분

해설 가능한 경로는 다음과 같다.

- ㄱ-ㄴ-ㄷ-ㄹ-ㄱ : 70분＋90분＋45분＋20분＝225분

- ㄱ-ㄹ-ㄷ-ㄴ-ㄱ : 20분＋45분＋90분＋70분＝225분

- ㄱ-ㄴ-ㄹ-ㄷ-ㄱ : 70분＋40분＋45분＋60분＝215분

- ㄱ-ㄷ-ㄹ-ㄴ-ㄱ : 60분＋45분＋40분＋70분＝215분

- ㄱ-ㄹ-ㄴ-ㄷ-ㄱ : 20분＋40분＋90분＋60분＝210분

- ㄱ-ㄷ-ㄴ-ㄹ-ㄱ : 60분＋90분＋40분＋20분＝210분

해밀턴 회로(순환길)를 활용한 문제이다. 최단 시간이 걸리는 최적의 경로를 찾기 위해서는 가능한 모든 해밀턴 회로를 찾아 그 값들을 비교해야 한다. 한 가지 경우와 그 길을 거꾸로 가는 경우가 있으므로 같은 시간이 걸리는 해밀턴 회로는 반드시 2개씩 존재한다.

예시답안

2 **[여행 경로]**

체코 프라하 → 독일 베를린 → 네덜란드 암스테르담 → 스위스 베른 → 이탈리아 로마 → 스페인 바르셀로나 → 프랑스 파리 → 영국 런던

[비용과 이동 시간]

경비가 $1200이고 소요시간이 10시간 50분으로, 비용이 가장 적고 이동 시간이 가장 짧다.

경로	체코 프라하 → 독일 베를린	독일 베를린 → 네덜란드 암스테르담	네덜란드 암스테르담 → 스위스 베른	스위스 베른 → 이탈리아 로마	이탈리아 로마 → 스페인 바르셀로나	스페인 바르셀로나 → 프랑스 파리	프랑스 파리 → 영국 런던
시간	1 : 20	1 : 30	1 : 40	1 : 30	1 : 40	1 : 50	1 : 20
비용	$240	$120	$200	$180	$220	$130	$110

STEP 3 융합 사고

1
- 여행 경로를 계획할 때 사용된다.
- 해야 할 일이 여러 가지가 있을 때 최단 시간이 걸리는 순서를 정할 때 사용된다.
- 지하철을 가장 빠르게 환승하는 길을 찾을 때 사용된다.
- 우편배달부가 우편을 배달하는 경로를 계획할 때 사용된다.
- 도시와 도시를 연결하는 도로 건설을 설계할 때 사용된다.
- 기름을 이동시킬 송유관 설치를 설계할 때 사용된다.
- 각 도시에 물을 공급하는 배수관 설치를 설계할 때 사용된다.
- 각 도시에 무선 통신 기지국 건설을 계획할 때 사용된다.
- 컴퓨터 회로를 효율적으로 연결할 때 사용된다.

2

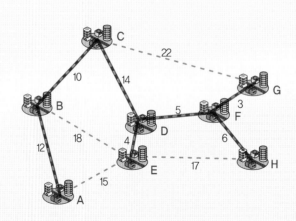

해설
- 거리가 가장 긴 도로부터 지워나간다. 22, 18, 17, 15를 순서대로 삭제한다. 12를 삭제할 경우 A와 B의 도시 연결이 끊어지므로 삭제하면 안 된다. 22, 18, 17, 15를 제외하고 도로를 건설하면 A~H의 8개 도시가 모두 연결된다.

- 거리가 가장 짧은 도로부터 건설한다. 3을 건설하여 F와 G 도시를 잇고, 5와 6을 건설하여 D와 H를 F 도시와 연결한다. 4와 14를 건설하여 E와 C를 D 도시와 연결한다. 남은 도로 중 짧은 10과 12를 건설하여 모든 도시를 연결한다.

3 작업의 순서를 그림으로 나타내면 다음과 같다.

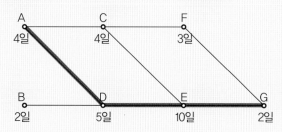

최소의 시간으로 공연을 끝마치려면 각 단계에서 시간이 오래 걸리는 A-D-E-G의 순서로 작업을 진행해야 하며, B, C, F는 A, D, E와 병행한다.

공연을 끝마치는 데 필요한 시간은 총 4일+5일+10일+2일=21일이다.

해설 작업을 꼭짓점으로 나타내고, 작업의 순서를 그림으로 그린다. 선행되어야 할 작업의 경우 서로 변을 이어준다. 꼭짓점에 작업 시간을 기록하고, 공연을 끝마치기까지 작업의 순서를 정한다.

STEP 1 문제 인식

1 ① 시카고 인구는 300만 명이고, 가구당 평균 3명으로 구성되어 있다.

② 피아노 보유율은 10 %이고, 가구당 1대의 피아노를 보유한다.

③ 피아노 조율은 1년에 1번 한다.

④ 조율사는 이동 시간을 포함하여 2시간에 피아노 1대를 조율한다.

⑤ 조율사는 하루 8시간, 주 5일, 1년에 50주 근무한다.

해설 페르미 사고 과정은 다음과 같다. 시카고에 약 300만 명이 살고 1가구는 평균 3명으로 구성되어 있으므로, 시카고에는 100만 가구가 산다. 피아노 보유율을 10 %로 하면 10만 가구가 피아노를 갖는다. 1가구당 1대의 피아노를 보유하면 10만 대의 피아노가 있다. 피아노 조율을 1년에 1번 하는 것으로 가정한다. 이제 문제해결을 위해 남은 것은 피아노 조율사의 하루 동안 조율 횟수이다. 이동 시간을 포함해 조율사가 피아노 한 대를 조율하는 데는 2시간이 걸린다고 하자. 하루 8시간 일하는 조율사는 하루 4대의 피아노를 조율한다. 조율사가 주 5일 근무하고 1년에 50주 일한다고 가정하면, 4대×5일×50주가 되어 조율사가 1년 동안 조율하는 피아노는 1000대이다. 결국 시카고에는 100명의 피아노 조율사가 있어야 한다.

2 서울시 인구 1000만 명, 가구당 평균 4명으로 서울시는 250만 가구, 가구당 피아노 보유율은 30 %이고, 가구당 피아노 1대를 보유한다고 하면 피아노는 75만 대가 된다. 피아노 조율은 1년에 1번 하므로 서울시에는 연간 75만 대의 피아노를 조율해야 한다. 조율사는 이동 시간을 포함하여 2시간에 피아노 1대를 조율하고, 하루 8시간, 주 5일, 1년에 50주 근무한다고 가정하면 조율사는 연간 1,000대 조율한다. 따라서 서울시에 750명의 피아노 조율사가 있어야 한다.

해설 시카고와 비교해서 서울시 상황에 맞게 가정을 수정한다. 정확한 답은 없으므로 자신의 생각대로 가정을 수정하여 답을 구한다.

STEP 2 문제 해결

1 [1]

서울시 인구, 서울시 남녀 비율, 남자 중 이발소 이용자 비율, 남자의 연평균 이발 횟수, 이발소의 일평균 이발 횟수, 이발소 월평균 근무 일수

[2]

① 서울시 인구의 연평균 이발 횟수 : 이발소에서 이발하는 사람은 남자이므로 서울시 인구 1000만 명 중 남자가 50 %라고 하면 남자는 500만 명이고, 남자 중 미용실 대신 이발소를 이용하는 비율을 60 %라고 가정하면 300만 명이다. 남자의 연평균 이발 횟수는 10회라고 할 수 있으므로 서울시 연평균 이발 횟수는 3000만 회이다.

② 이발소의 연평균 이발 횟수 : 이발소 일평균 이발 횟수는 10회이고, 이발소 월평균 근무 일수를 25일이라고 하면, 이발소의 월평균 이발 횟수는 250회이고 이발소의 연평균 이발 횟수는 3000회이다.

③ 서울 시내 이발소 수 = 서울시 인구의 연평균 이발 횟수 ÷ 이발소의 연평균 이발 횟수 3000만 회÷3000회=1만이므로, 서울 시내에는 1만 개의 이발소가 있어야 한다.

해설 [1] 서울시 소득수준에 따라 이발소 이용률이 달라질 수 있지만 연관성이 적다고 볼 수 있다. 이발소를 이용하는 사람은 거의 남자라고 할 수 있으므로 여자 중 이발소 이용자 비율, 남녀 이발소 월 이용 횟수는 필요하지 않다.

2 [1]

알아야 할 주요 내용	탐구 방법
서울시 인구	행정안전부 홈페이지
서울시 남녀 비율	행정안전부 홈페이지
남자의 연평균 미용 횟수	설문 조사
여자의 연평균 미용 횟수	설문 조사
미용사 일평균 미용 횟수	설문 조사
미용사 월평균 근무 일수	설문 조사

[2]

① 서울시 인구 1000만 명, 서울시 남녀 비율 1 : 1, 남자의 연평균 미용 횟수 10회, 여자의 연평균 미용 횟수 6회

② 서울시 인구의 연평균 미용 횟수＝500만×10회＋500만×6회＝8000만 회

③ 미용사 일평균 미용 횟수는 남자인 경우 10회, 여자인 경우 4회이므로 평균 7회이다.

④ 월평균 근무 일수는 25일이므로 미용사의 연평균 미용 횟수는 7회×25일×12개월＝2100회이다.

⑤ 따라서 서울시에 필요한 미용사 수＝8000만 회÷2100회＝3809≒3만 8천 명이다.

해설 2020년 11월 서울시 인구수는 9,679,771명, 세대수는 4,412,343, 세대당 인구 2.19명, 남자 인구수는 4,708,321명, 여자 인구수 4,971,450명, 남여 비율 0.95이다. 행정안전부 홈페이지(https://www.mois.go.kr)에서 정책자료/통계/통계연보, 주제별 통계/주민등록인구통계를 누르면 전국 인구수 현황을 확인할 수 있다.

STEP 3 융합 사고

모범답안

1 연령별 미용 횟수, 소득수준에 따른 미용 횟수, 지역별 미용 횟수, 서울 유동 인구(관광객 포함)의 미용 횟수 등

해설 STEP 2. 문제해결의 탐구 방법으로 가정하지 않은 부분에 대한 것을 나열하면 된다. 현재 미용사 협회에 등록된 미용사 수를 확인하면 되겠지만 다른 지역으로 이동한 경우, 다른 일을 하는 경우 등 다양한 이유로 정확하지 않을 것이다. 그리고 탐구 주제는 서울시에 있는 미용사 수를 구하는 것이 아니고 서울시에 필요한 적정 미용사 수를 구하는 것이다.

예시답안

2 • 서울시 인구는 1000만 명이고 일주일에 한 번 중국집 이용하고 자장면과 짬뽕의 선택 비율을 6 : 4라고 가정하면, 일주일에 600만 그릇이 판매된다. 주 6일을 영업한다고 하면 서울에

서 하루 판매되는 자장면은 100만 그릇이다.

- 서울시 인구는 1000만 명이고, 500명 당 중국집이 하나 있다고 가정하면 서울에는 2만 개의 중국집이 있다고 추정할 수 있다. 중국집은 하루 80그릇을 팔아야 정상 유지를 한다고 할 때, 80그릇 중 60 %가 자장면이라고 하면 한 중국집에서 하루 동안 판매되는 자장면은 48그릇이다. 따라서 서울에서 하루 동안 판매되는 자장면은 96만 그릇이다.

해설 '사람들은 자장면을 주로 언제 먹을까?'라는 생각을 하면 문제해결의 실마리를 찾을 수 있다. 다양한 요소들을 가지고 하루 동안 판매되는 자장면을 구할 수 있다.

※ 모범답안 ※

3 **[1]**
- 페르미 추정 문제를 통해 새로운 문제에 직면했을 때 창의력 있는 방식으로 문제를 해결할 수 있는 인재를 찾을 수 있기 때문이다.
- 기업이 신제품을 출시할 때 예상되는 판매량과 매출 등을 가늠할 수 있는 인재를 찾을 수 있기 때문이다.

[2]
- 해외 또는 국내 시장에 신제품을 출시할 때 예상 판매량과 매출 등을 가늠하려고 할 때
- 다음 달에 예상되는 지출을 가늠하여 부모님께 한 달 용돈을 논리적으로 요구할 때
- 내가 만든 발명품을 제품화하여 판매할 때 마케팅 전략에 따른 예상 판매량과 매출 등을 가늠하여 공부를 더 할지 사업을 할지 결정할 때

해설 **[1]** 기업 면접관은 페르미 문제를 통해 예측 불가능한 질문을 들었을 때 당황하지 않고 문제를 풀어내는지 또는 추론 과정이 설득력이 있고 논리적인지 확인할 수 있다. 또한 현실성이 없더라도 기발하고 창의력 있는 대답을 하고 논리적으로 현실적인 문제들을 생각하고 추론할 수 있느냐의 능력을 판단할 수 있다. 어느 면접관은 진짜 인재는 스스로 답을 찾아가는 사람이라고 말했다. 기업이나 영재원에서 요구하는 인재는 창의적 융합 인재라고 할 수 있다. 불확실성과 융합의 21세기에는 새로운 문제에 직면했을 때 여러 분야를 넘나들며 새롭고 가치 있는 방식으로 문제를 해결할 수 있는 인재가 핵심 역할을 할 것이다. 그리고 이런 사고방식에 익숙해지면, 시장에서 신제품을 출시할 때 예상 판매량과 매출 등을 가늠할 수 있다. 단순히 더하기와 빼기, 곱하기와 나눗셈을 할 줄 알고 고급 수학을 다룰 줄 아는 것보다 이러한 추론 과정의 능력을 갖춘 사람이 실제 기업에서 필요로 하는 인재이다.

[2] 과거에는 공장이나 기계, 상품과 같은 유형 자산이 중요했지만 오늘날에는 인재나 브랜드와 같은 무형 자산이 시장을 움직이고 있다. 특히 창조력과 유연한 사고력을 필요로 하는 정보화 사회에서는 페르미 추정과 같은 문제 해결 능력을 갖고 있는 인재가 경쟁력이 있다. 따라서 일상생활 삶의 문제부터 창조력과 유연한 사고력으로 문제를 해결하는 연습이 필요하다.

STEP 1 문제 인식

> 모범답안

1 7번 경기를 해야 한다.

```
      ┌──┴──┐   ┌──┴──┐
    ┌─┴─┐ ┌─┴─┐ ┌─┴─┐ ┌─┴─┐
    1  2  3  4  5  6  7  8
```

해설 토너먼트는 경기 특성상 한 번 경기할 때 한 팀이 떨어진다. 우승 팀 한 팀만 남기 위해서는 총 팀 수−1만큼 팀이 탈락해야 하므로 경기 횟수도 총 팀 수−1만큼 경기를 해야 한다.

따라서 토너먼트 경기 횟수＝팀 수−1이다.

＊토너먼트의 장점과 단점은 무엇일까? 토너먼트는 월드컵 16강~결승 경기에 적용된다. 대진운이 많이 작용하고 극적인 긴장감이 있으며 승리와 패배가 명확하다. 참가자가 많은 경우에도 비교적 짧은 시간에 승자가 전해지는 장점이 있으나 한 번 지는 경우 다시 대전할 기회가 없다. 랭킹 1위와 2위가 첫 대결에서 만나면 2위는 높은 곳으로 올라갈 기회가 있었음에도 탈락이 될 가능성이 있다.

> 모범답안

2 28번 경기를 해야 한다.

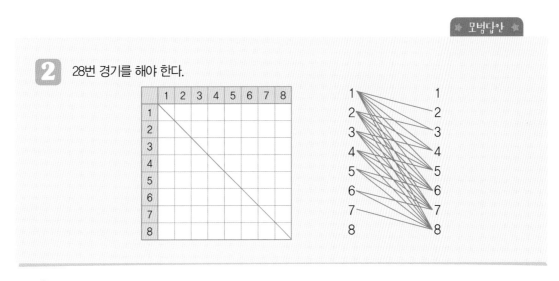

해설

$$리그전 경기 횟수 ＝ 1+2+3+4+\cdots+(팀 수 -1) ＝ \frac{팀 수 \times (팀 수-1)}{2}$$

＊리그의 장점과 단점은 무엇일까? 리그는 월드컵 32강 조별 리그전에 적용된다. 모든 팀과 직접 대결을 하기 때문에 모든 경우의 수를 확인할 수 있으므로 가장 공정한 방식의 대회이다. 그러나 토너먼트에 비해 순위 결정에 시간이 오래 걸리고 지나치게 많은 경기 횟수로 인해 긴장감이 떨어지며, 선수와 시청자 모두

피로할 수 있다. 다른 팀들의 결과에 의해 나의 순위가 결정되기도 한다.

STEP 2 문제 해결

※ 예시답안 ※

1
- 최종 우승 팀이 될 나라 : 네덜란드
- 이유 : 세 나라와의 경기에서 모두 이겨 승점 9점을 얻었고, 네덜란드가 속해 있는 B조의 다른 나라(칠레, 스페인)도 승점이 높기 때문이다.

해설 2014 브라질 월드컵 최종 우승 팀은 독일이지만, 리그전 결과를 통해 최종 우승 팀을 예상하는 것으로 정답은 없다. 최종 우승 팀을 고르고 자신의 생각을 논리적으로 서술하면 된다.

※ 모범답안 ※

2 조별 리그전에서 상위 2팀이 16강에 진출하고, 16강부터는 토너먼트로 경기를 진행한다. 리그전 승점은 16강 대표팀 선발에만 영향을 주기 때문에 리그전 결과가 좋은 팀이 최종 우승 팀이 아닐 수도 있다.

해설 월드컵은 대륙별 예선을 리그전으로 치러 32개 팀을 선발하고, 본선에서는 32개 팀을 8개의 조로 나누어 조끼리 리그전을 펼쳐 16강 진출팀을 가린다. 16강부터는 토너먼트로 우승 팀을 뽑는다. 리그 조가 어떻게 구성되느냐 또는 토너먼트 상대가 누군가에 따라 자신의 실력과 다르게 결과가 달라질 수 있다.

※ 모범답안 ※

3
- 공정해야 한다.
- 쉽고 단순해야 한다.
- 적절한 시간에 대회를 종료해야 한다.
- 적절한 시간에 최대한 많은 경기를 치러야 한다.

4
- 대륙 예선 : 대륙별로 조를 구성하여 리그전으로 32개 팀을 선발한다.
- 조별 예선(32강) : 4팀 8개 조를 구성하고 조별 리그전으로 16개 팀을 선발한다.
- 16강 : 4팀 4개 조를 구성하고 조별 리그전으로 8개 팀을 선발한다.
- 4강 : 토너먼트로 4팀을 선발한다.
- 4강~결승 : 4팀이 더블 엘리미네이션으로 1~4위를 정한다.

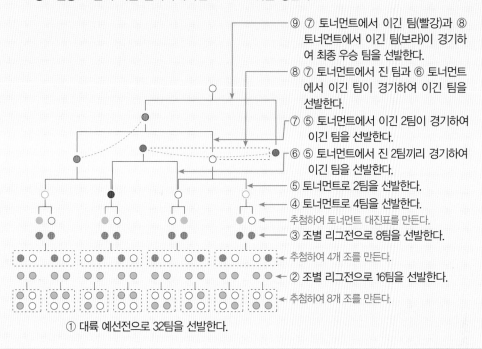

⑨ ⑦ 토너먼트에서 이긴 팀(빨강)과 ⑧ 토너먼트에서 이긴 팀(보라)이 경기하여 최종 우승 팀을 선발한다.

⑧ ⑦ 토너먼트에서 진 팀과 ⑥ 토너먼트에서 이긴 팀이 경기하여 이긴 팀을 선발한다.

⑦ ⑤ 토너먼트에서 이긴 2팀이 경기하여 이긴 팀을 선발한다.

⑥ ⑤ 토너먼트에서 진 2팀끼리 경기하여 이긴 팀을 선발한다.

⑤ 토너먼트로 2팀을 선발한다.

④ 토너먼트로 4팀을 선발한다.

추첨하여 토너먼트 대진표를 만든다.

③ 조별 리그전으로 8팀을 선발한다.

추첨하여 4개 조를 만든다.

② 조별 리그전으로 16팀을 선발한다.

추첨하여 8개 조를 만든다.

① 대륙 예선전으로 32팀을 선발한다.

해설 대회를 진행하는 방식은 기본적으로 크게 3가지, 토너먼트, 리그, 더블 엘리미네이션이 있다. 전통적으로 3가지 중 하나를 선택하여 대회를 진행하지만, 최근에는 대부분의 대회에서 초반 방식과 후반 방식이 달라지는 혼합 방식을 선택하고 있다.

- 토너먼트 : 월드컵 16강~결승 경기에 적용된다. 대진 운이 많이 작용하며, 랭킹 1위와 2위가 첫 대결에서 만나면 2위는 높은 곳으로 올라갈 기회가 있었음에도 탈락이 될 가능성이 있다.

- 리그 : 월드컵 32강 조별 리그전에 적용된다. 모든 팀과 직접 대결을 하기 때문에 모든 경우의 수를 확인할 수 있으므로 가장 공정한 방식의 대회이다. 지나치게 많은 경기 횟수로 인해 긴장감이 떨어지며 선수와 시청자 모두 피로할 수 있다.

- 더블 엘리미네이션 : 토너먼트에서 진 경우 한 번 더 기회를 주는 시합 방식으로 두 번을 지면 탈락하지만 한 번은 지더라도 남은 경기를 전부 이기면 우승할 수 있는 방식이다. 기회가 2번 있어 실력 있는 팀이 대진 운이 좋지 않아 경기에 져도 다시 경기를 할 수 있다.

- 혼합형 : 월드컵이나 최근 해외·국내 대회에 많이 사용되는 방식이다. 초반 32강과 16강은 조별

리그 또는 더블 엘리미네이션으로 진행하고, 8강 이후부터는 토너먼트로 전환한다. 혼합형은 공정성과 극적인 긴장감을 모두 가진다.

모범답안

1 결승전에서 자국 선수들끼리 경기를 하지 못하는 규정 때문에 4강에서 같은 나라 선수들끼리 붙었기 때문이다. 4강에서 중국-중국, 한국-한국 팀끼리 경기를 한 후, 결승에서 중국-한국 팀이 경기를 했다.

해설 2004년 국제탁구연맹(ITTF)은 특정 국가에서 2팀 이상의 복식조 출전을 허용하지만 결승에서는 맞붙지 못하도록 규정을 바꿨다. 같은 나라의 복식 2팀이 대륙별 예선을 무사히 통과할 경우 올림픽에는 모두 출전할 수 있지만, 준결승 대진표에서 2팀을 모두 같은 쪽에 속하게 해 결승에서 붙지 못한다. 토너먼트의 경우 대진표가 어떻게 짜이느냐에 따라 실력이 좋은 팀이 먼저 떨어질 수도 있다.

모범답안

2 모든 팀과 여러 번 경기하여 한 번의 운이나 실수로 인한 결과가 아닌 각 팀이 충분히 실력을 발휘한 경기를 바탕으로 결과를 얻기 위해서이다.

해설 리그전은 시간은 오래 걸리지만 우승 팀을 가려내는 가장 공정한 방법이다.

예시답안

3
- 가위바위보 : 참가자 수가 많아도 경기 시간이 짧기 때문에 모든 학생이 3번 또는 5번 가위바위보를 하는 리그전으로 우승자를 가려낸다.
- 팔씨름 : 모든 학생이 리그전으로 하기에는 시간이 오래 걸리고 체력 소모가 많으므로 토너

먼트 형식으로 우승자를 가려낸다. 또는 조를 나눈 후 조별 리그를 거쳐 16명을 선발하고, 16명은 토너먼트로 우승자를 가려낸다.

• 보드게임 : 모든 학생이 리그전으로 하기에는 시간이 오래 걸리므로 토너먼트로 우승자를 가려낸다.

해설 경기 시간이 오래 걸리고 체력 소모가 많으며 참가자가 많은 종목의 경우 토너먼트 경기가 효율적이고, 경기 시간이 짧고 체력 소모가 적으며 참가자 수가 적은 종목은 리그전으로 하는 것이 공정하게 우승자를 가려낼 수 있다. 그러나 리그전은 긴장감이 떨어져 경기가 지루해질 가능성이 있다. 대부분 스포츠 경기는 리그전으로 예선을 치러 일정한 수의 선수나 팀을 선발하고 토너먼트로 우승자를 가려낸다. 예선은 충분한 시간을 갖고 모든 팀이 참가하여 경기를 하여 공정한 결과를 얻을 수있는 리그전으로 진행하고 결승전은 토너먼트로 진행하여 짧은 시간에 긴장감을 높여 경기를 진행한다.

★ 예시답안 ★

4
• 가위바위보 리그전
 − 장점 : 모든 학생이 경기에 참여하므로 참여도가 높다. 모든 학생이 경기에 참여하므로 공정하다.
 − 단점 : 모든 학생이 참여하므로 시간이 오래 걸린다. 계속 지기만 하는 사람은 경기 의욕이 떨어질 수 있다. 경기 횟수가 많기 때문에 점수 계산을 잘 해야 한다.
• 팔씨름 예선 리그 결승 토너먼트
 − 장점 : 실력이 좋지 못한 친구도 예선에서 충분히 경기를 하므로 참여도가 높다고 할 수있다. 예선전에서는 참여도를 높이고 결승전에서는 긴장감을 높일 수 있다.
 − 단점 : 예선 리그를 진행했으므로 선수들이 체력적으로 힘들다. 선천적인 신체 조건에 영향을 많이 받는다.
• 보드게임 토너먼트
 − 장점 : 승자와 패자가 바로 결정되므로 긴장감이 높다. 여러 명이 할 수 있는 게임이므로 한 게임당 인원을 조정하여 경기 시간을 조절할 수 있다.
 − 단점 : 처음에 진 친구는 계속 구경만 해야 하므로 지루하게 생각할 가능성이 있다. 실수를 하여 한 번 지면 더 이상 경기를 할 수 없다.

 **튼튼하고 경제적인 체육관**

STEP 1 문제 인식

1
- 부피에 비해 사용되는 재료가 최소이다.
- 냉방과 난방비가 적게 든다.

해설 부피에 비해 겉넓이가 작으면(겉넓이에 비해 부피가 크면) 건축 재료를 줄일 수 있고 냉방과 난방비도 절약할 수 있다.

2 삼각형 구조는 외부에서 큰 힘이 가해져도 힘을 잘 분산시키므로 건물이 변형되는 것을 막아 준다.

해설 삼각형은 외부의 압력에 변하지 않는 단 하나의 다각형이다. 삼각형의 모양은 세 변의 길이만으로 정해지기 때문에 변의 길이가 길어지거나 짧아지지 않는 한 변형이 일어날 수 없으므로 강하고 단단하다. 사각형, 오각형, 육각형은 각 변의 길이가 모두 정해지더라도 다른 모양으로 찌그러질 수 있다. 따라서 삼각형 외에 다른 모양으로 만들어진 구조물에 큰 힘이 가해지면, 철골이 휘거나 부러지지 않아도 전체적인 변형이 일어날 수 있다.

STEP 2 문제 해결

1 [1] 원에 가까워질수록 같은 넓이일 때 둘레의 길이가 짧아진다. 따라서 밑면을 원으로 만들면 재료가 가장 적게 사용되므로 경제적이다.

[2] 부피가 같을 때 구의 겉넓이가 가장 작다. 따라서 건축물을 구 형태로 만들면 재료가 가장 적게 사용되므로 경제적이다.

해설 [1] 같은 면적일 때 둘레가 가장 작은 평면도형이 경제적인 평면도형이다.

[2] 같은 부피일 때 겉넓이가 가장 작은 입체도형이 경제적인 입체도형이다.

★ 모범답안 ★

2
- 전체적인 모양이 구형이므로 가장 적은 재료를 이용하여 부피를 가장 크게 만들 수 있어 경제적이다.
- 재료가 적게 사용되므로 가볍다.
- 모든 면이 삼각형 구조로 되어 있어 힘을 잘 분산시키므로 외부의 강한 힘에 잘 견딜 수 있다.
- 돔 구조는 힘을 잘 분산시키므로 매우 안정되고 튼튼한 구조이다.
- 가장 적은 표면을 지니므로 바깥과 닿는 면적이 작아 에너지 효율이 높으므로 냉방과 난방 비용을 줄일 수 있다.
- 둥근 원을 기본으로 하기 때문에 미관상 안정하게 보인다.
- 건물 내부에 지붕을 받치기 위한 기둥을 세우지 않아도 되므로 넓은 공간을 사용할 수 있다.
- 구조물 설치가 쉽다.
- 전체 구조물이 일체형이라 외부의 충격에 변형되지 않고 강하다.

해설 지오데식 돔은 정육면체, 정팔면체, 정이십면체 등의 정다면체를 기본으로 하여 만든 돔을 말하며, 여러 개의 삼각형으로 구성되어 있다. 정이십면체를 기본으로 만든 돔이 가장 일반적이다. 정이십면체에 기초하여 지오데식 돔을 만드는 방법은 각 모서리를 분할하여 각 면을 여러 개의 정삼각형으로 나눈 뒤, 모든 꼭짓점이 입체의 중심에서 같은 거리에 오도록 도형을 부풀린다. 분할하는 정도가 커질수록 지오데식 돔은 구와 아주 가까운 다면체가 된다. 지오데식 돔은 꼭짓점 사이를 전부 직선(지름길)으로만 연결하여 곡선은 존재하지 않으며, 직선들이 모여서 점점 공의 모양을 닮아가는 돔이라고 볼 수 있다.

★ 예시답안 ★

3
- 체육관 밑면은 최소 비용으로 최대의 면적을 만들 수 있는 원형으로 한다.
- 지붕은 가장 튼튼한 삼각형 구조와 가장 경제적인 구 형태를 결합한 지오데식 돔 형태로 만든다.

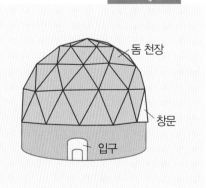

해설

⬆ 서울 고척동 돔야구장

⬆ 강원도 영월 원형돔 실내체육관

⬆ 인천 선인체육관

⬆ 캐나다 로저스센터 야구장

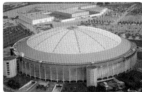
⬆ 미국 텍사스 애스트로 돔경기장

⬆ 일본 삿포로 돔경기장

STEP 3 융합 사고

※ 모범답안 ※

1 황소 가죽을 실처럼 길게 잘라 연결한 뒤 원을 그렸고, 원 안에 포함된 땅을 얻었다.

해설　원이나 구가 다른 도형에 비해 둘레가 같을 때 넓이가 크다는 원리를 이용한 것이다. 디도는 한 마리의 황소 가죽으로 얻은 땅 안에 성을 쌓고 성 이름을 부르사(소가죽)이라고 지었다. 이 성을 중심으로 카르타고는 강대하고 화려한 도시로 발전했다.

※ 모범답안 ※

2 다리가 세 개인 테이블이 더 안정하다. 세 개의 점은 하나의 평면을 이루므로 언제나 균형을 유지한다. 그러나 네 개의 점은 하나의 평면을 이루지 않을 수 있기 때문에 덜거덕거릴 수 있기 때문이다.

해설　다리가 네 개인 탁자는 다리들이 바닥 면에 완전히 닿지 않아 덜거덕거리는 경우가 있지만 다리가 세 개인 탁자에서는 그런 일이 일어나지 않는다. 사진기를 세워놓는 삼각대나 토지 측량기구의 다리가 세 개인 것도 이 때문이다. 실제 삼각대를 세우면 경사진 곳이나 평평한 곳이나 바닥의 굴곡과 상관없이 세 다리가 모두 바닥에 닿아 안정적인 상태가 된다. 또 다리를 다쳐 목발을 짚고 다니는 경우도 성한 다리 하나와 목발의 두 다리, 모두 세 개의 다리로 지탱하기 때문에 안정적이다.

3 지붕이 돔 형태라서 힘의 분산이 잘 일어나 강한 바람에도 무너지지 않았다.

해설 하이옌의 강한 바람에 의해 일반 주택은 거의 대부분 지붕이 날아가고 집이 주저앉았으며, 심지어 나무도 넘어지거나 뽑혔다.

4 실내 경기장, 전시관, 극장(돔 영상관), 온실, 식물원, 테마 카페, 식당, 집회 장소, 콘서트홀, 교회나 성당 천장, 기상 관측소, 저장 탱크, 공연장, 텐트, 캠핑장 숙소, 펜션 등

해설 지오데식 돔은 실내체육관, 전시회장, 아트리움 등을 만드는 데 이용되며, 현재 전 세계에 약 30만 개 이상이 지어졌다. 우리나라에서도 서울랜드의 구형 조형물, 대전 엑스포 과학공원의 조형물, 대전 국립중앙과학관의 천체관, 엑스포 과학공원의 자연생명관에서 볼 수 있다. 지오데식 돔은 인공적 구조물 뿐 아니라 자연계에도 많이 존재한다. B형 간염 바이러스의 겉껍질은 튼튼하면서도 넓은 공간에 많은 양의 유전자를 보관하기 위해서 지오데식 돔 구조로 되어 있다. 또한 우리 몸을 이루는 신경세포, 플랑크톤의 일종인 방산충, 풀러렌 등의 물질에서도 지오데식 돔과 같은 모양을 찾을 수 있다.

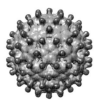

⬆ B형 간염 바이러스　　⬆ 방산충　　⬆ 풀러렌

STEP 1 문제 인식

1 $140 - 100 = 40$, 40 kg이다.

> **해설** 키가 155 cm 미만이므로 키에서 100을 뺀 값이 표준 체중이다.

2 적절하지 않다고 생각한다. 요즘 초등학생들은 음식 섭취량이 많고 서구화된 체질로 평균 체중이 표준 체중보다 많은 편이고, 남자와 여자의 체질이 다르기 때문에 성별에 따른 표준 체중이 구분되어 있어야 한다.

> **해설** 155 cm 이상인 경우, 연령별로 남녀 표준 체중이 다르다. 체내 지방량 근육량, 골격 등을 더 고려해야 자신에게 맞는 표준 체중을 알 수 있다.

STEP 2 문제 해결

1 [1]

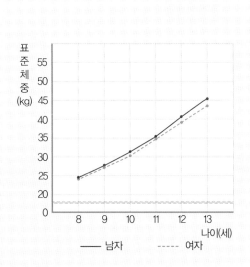

[2]
- 표준 키는 11살까지는 남자가 여자보다 크지만, 11살이 넘으면 여자가 남자보다 더 크다.
- 8살부터 13살까지는 나이에 따라 키가 자라는 정도가 거의 일정하다.
- 8살부터 13살까지 키가 자라는 정도는 남자보다 여자가 더 크다.
- 8살부터 13살까지의 표준 체중은 남자가 여자보다 항상 크다.
- 8살부터 13살까지는 나이에 따라 체중이 증가하는 정도가 거의 일정하다.
- 8살부터 13살까지는 나이가 증가함에 따라 남자와 여자의 체중 차이가 점점 커진다.
- 8살부터 13살까지는 나이가 증가함에 따라 체중의 증가 비율이 키 보다 훨씬 크다.
- 나이와 키, 나이와 체중의 관계는 정비례 관계이다.
- 키와 체중의 관계는 정비례 관계이다.

해설 **[1]** 그래프는 조사한 자료들을 보기 좋고 이해하기 쉽게 나타내는 방법이다. 하나의 그래프에 2가지 자료를 같이 표현해도 된다. 변화하는 과정과 모양을 알아볼 때는 주로 꺾은선 그래프를 그린다. 꺾은선 그래프를 이용하면 조사하지 않은 중간 값도 예상할 수 있다.

[2] 8~13세까지 남자는 키가 28.1 cm 커 증가율이 22.7 %이고 체중은 20.7 kg이 늘어 증가율이 83.5 %이다. 여자는 키가 30.3 cm 커 증가율이 24.8 %이고 체중은 19.9 kg이 늘어 증가율이 83.3 %이다. 성장 속도는 개인별로 차이가 있기 때문에 현재 표준보다 작더라도 크게 걱정할 필요는 없다.

✦ 예시답안 ✦

2 키, 나이, 성별, 체질, 지병, 활동량 등

✦ 예시답안 ✦

3 ① 주어진 자료에서 키에 따른 표준 체중은 키가 클수록 체중이 점점 늘어난다. 현재 5학년이고 향후 5년간 사용할 수 있어야 하므로 5~6학년일 때 키와 체중과의 관계를 남녀 평균의 식으로 나타내면 '표준 체중=키-107'이다.

② 주어진 자료에서 나이에 따른 표준 체중은 주어진 자료에서 나이가 많을수록 체중이 점점 증가한다. 현재 5학년이고 향후 5년간 사용할 수 있어야 하므로 5~6학년일 때 나이와 체중과의 관계를 남녀 평균의 식으로 나타내면, 표준 체중=나이×{3.4+0.1×(나이-13)}이다.

③ 키가 150 cm일 때, 성별에 따른 표준 체중은 주어진 자료에서,

남자인 경우 표준 체중은 비례식 151.8 : 45.5 = 150 : □ 에서 44.96 kg이고

여자인 경우 표준 체중은 비례식 152.7 : 43.8 = 150 : □ 에서 43.02 kg이므로 남자와 여자의 평균 표준 체중은 43.99 kg이다.

남자일 경우 표준 체중은 평균 표준 체중의 44.96 ÷ 43.99 = 1.02 배이고, 여자일 경우 표준 체중은 평균 표준 체중의 43.02 ÷ 43.99 = 0.97 배이다. 따라서 남자일 경우 표준 체중에 1.02를 곱하고, 여자일 경우 표준 체중에 0.97을 곱한다.

④ 체질에 따른 표준 체중은 체질을 허약 체질, 하체 튼튼 체질, 상체 튼튼 체질, 표준 체질로 나눌 수 있다. 허약 체질은 표준 체중의 95 %, 하체 튼튼 체질은 표준 체중의 102 %, 상체 튼튼 체질은 표준 체중의 104 %, 표준 체질은 표준 체중의 100 %로 한다.

⑤ 지병에 따른 표준 체중은 지병으로 인해 마른 체형이면 표준 체중의 95 %, 지병으로 인해 비만 체형이면 표준 체중의 105 %, 지병이 없는 경우는 표준 체중의 100 %로 한다.

⑥ 활동량에 따른 표준 체중은 활동량이 많을수록 체중이 감소하므로 하루 운동량이 1시간 이내일 때 표준 체중의 105 %, 하루 운동량이 1시간에서 2시간 이내일 때 표준 체중의 100 %, 하루 운동량이 2시간 이상일 때 표준 체중의 95 %로 한다.

⑦ 키와 나이에 따른 표준 체중 $= \dfrac{\text{키} - 107 + \text{나이} \times \{3.4 + 0.1 \times (\text{나이} - 13)\}}{2}$ 이다.

⑧ 키와 나이에 따른 표준 체중에 성별, 체질, 지병, 활동량을 고려하여 식을 만들면,

남자이고, 하체 튼튼 체질, 지병은 없고, 하루 운동량은 1시간 이내인 나의 향후 5년간 표준 체중을 구할 수 있는 식은

$$\dfrac{\text{키} - 107 + \text{나이} \times \{3.4 + 0.1 \times (\text{나이} - 13)\}}{2} \times 1.02 \times 1.02 \times 1 \times 1.05 \text{ 이다.}$$

해설　키와 몸무게, 성별은 주어진 자료를 이용하여 식을 만들고, 다른 요소들은 요소에 따른 체중을 예상하여 식을 만들면 된다. 향후 5년간은 대체로 키가 크고 성장하는 시기이므로 체중이 나이와 키에 비례하도록 식을 세울 수 있다.

STEP 3 융합 사고

예시답안

1
- 나 : 키가 140 cm이고 몸무게가 40 kg인 경우 40 ÷ (1.4 × 1.4) ≒ 20.4로 정상이다.
- 동생 : 키가 135 cm이고 몸무게가 35 kg인 경우 35 ÷ (1.35 × 1.35) ≒ 19.2로 정상이다.
- 아빠 : 키가 175 cm이고 몸무게가 78 kg인 경우 78 ÷ (1.75 × 1.75) ≒ 25.5로 비만이다.
- 엄마 : 키가 155 cm이고 몸무게가 55 kg인 경우 55 ÷ (1.55 × 1.55) ≒ 22.9로 정상이다.

2 전 세계적으로 경제가 성장하고 식량 자원이 풍족해지면서 1인당 열량 섭취가 증가한 반면 육체 노동은 감소하였기 때문이다.

해설 여전히 세계의 많은 인구가 굶주리고 있지만 중국, 인도, 브라질, 인도네시아, 태국, 말레이시아, 베트남 등 여러 개발도상국들이 경제적으로 성장하고 전 세계 식량 생산이 증가함에 따라 1인당 열량 섭취는 끊임없이 증가하고 있다. 또한 점차 경제가 성장함에 따라 사무직의 비중이 증가하고 집에서 생활하는 시간이 늘어나면서 운동 부족과 과다 열량 섭취는 전 세계적인 보건 문제가 되고 있다. 개발도상국 뿐만 아니라 미국, 호주, 영국과 같은 선진국에서도 비만 문제는 심각하다. 전 세계 비만 인구의 13 %는 미국에 살고 있으며 15 % 정도는 중국과 인도와 살고 있는 것으로 나타났다. 전 세계 인구를 대상으로 규칙적인 운동과 균형잡힌 칼로리 섭취의 필요성을 설명하고, 과체중과 비만에 대한 위험성을 널리 홍보하는 것이 중요하다. 또한 어린 시절부터 건강한 영양 습관을 잘 들이는 것이 매우 중요하므로 이에 대한 정책적 고려도 필요하다.

3 ① 나에게 필요한 1일 권장 열량 : 1700 kcal
② 나의 일일 식단 총 열량 : 2835 kcal

아침		점심		간식		저녁	
메뉴	열량(kcal)	메뉴	열량(kcal)	메뉴	열량(kcal)	메뉴	열량(kcal)
샌드위치	437	쇠고기 덮밥	669	떡볶이	303	김치찌개	243
우유	122	배추김치	19	오렌지 주스	84	쌀밥	272
		우엉조림	69			갈치구이	481
		오이소박이	17			배추김치	19
						호박전	100
총열량	559	총열량	774	총열량	387	총열량	1115

③ 나의 식단에서 조절해야 할 점 :
• 섭취하는 열량이 너무 많으므로 식사량을 조금씩 줄인다.
• 간식의 양을 줄인다.
• 탄수화물의 섭취가 많으므로 탄수화물의 양을 줄이고 단백질의 섭취를 늘인다.

해설 식단이 성인 양에 맞춰져 있으므로 식단 작성 시 총량을 자신에게 맞게 적절한 양으로 설정한다.
하루 열량 섭취량이 1일 권장량 보다 많을 경우 운동을 통해 소비해야 몸에 축적되지 않는다.

STEP 1 문제 인식

1 정치적 안정성, 범죄율, 경제·문화 수준, 교육, 공공 서비스와 교통 체계, 음식점이나 마트 등 생활 편의 시설, 자연환경, 소비재 접근성, 집값 등을 조사한 후 점수를 매겨 선정한다.

해설 건강, 사회 기반 시설, 휴양 시설 등은 보다 높은 점수를 받을 수 있는 항목으로 평가된다. 대부분의 사람들은 살기 좋은 도시는 고층 아파트와 빌딩이 빼곡하고 주거지 주변으로 편의 시설이 갖춰진 도시라고 생각한다. 그러나 이런 곳은 살기 편한 곳은 될 수 있을지 몰라도 살기 좋은 도시는 아니다. 살기 좋은 도시를 생각하면 여유로워 보이는 시민들, 특색 있는 건물, 삭막한 빌딩 숲이 아닌 자연과 어우러진 녹색 도시가 떠오른다. 조사 결과 오스트리아 비엔나는 세계에서 가장 생동감 넘치는 도시로 선정되었다. 비엔나는 실제로 절반 이상이 정원, 공원, 숲, 농지 등 녹지대이며, 시내에 700 헥타르(7000000 m²)의 포도밭과 와인 생산지가 들어서 있는 세계에서 유일한 전원풍의 대도시다.

* 소비재 접근성 : 개인의 욕망을 충족하기 위하여 소비되는 재화(식품, 의류, 가구, 주택 등)인 소비재에 접근할 수 있는 가능성

* 녹지대 : 도시계획구역 안에 지형 경관을 보전할 목적으로 설치한 지역

2
- 인구 천 명당 범죄 발생 건수 : 경찰청에서 범죄 통계자료 또는 국정정보시스템, e-나라지표의 통계자료를 활용한다.
- 농가 수 : 국정정보시스템, e-나라지표의 통계자료를 활용한다.
- 주택 가격 상승률 : 국정정보시스템, e-나라지표의 통계자료를 활용한다.
- 소비자물가 상승률 : 국정정보시스템, e-나라지표의 통계자료를 활용한다.
- 인구 천 명당 의료기관 침대 수 : 보건복지부의 통계자료를 활용한다
- 초등학교 수 : 교육청 통계자료를 활용한다.
- 교사 1인당 학생 수 : 교육청 통계자료를 활용한다.
- 인구 천 명당 공원 면적 : 국정정보시스템, e-나라지표의 통계자료를 활용한다.
- 실업률 : 국정정보시스템, e-나라지표의 통계자료를 활용한다.

해설 통계청(http://kosis.kr)이나 e−나라지표(http://www.index.go.kr)에서 지표별 통계자료를 확인할 수 있다.

STEP 2 문제 해결

✦ 예시답안 ✦

1 [1]

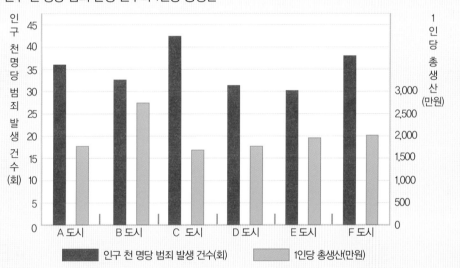

인구 천 명당 범죄 발생 건수와 1인당 총생산

[2]
- 범죄 발생 건수는 C 도시가 가장 높고, E 도시가 가장 낮다.
- E 도시와 D 도시의 범죄 발생 건수는 비슷하다.
- 1인당 총생산은 B 도시가 가장 높고 C 도시가 가장 낮다.
- 1인당 총생산은 B 도시 이외는 모두 비슷하다. 등

해설 [1] 그래프는 조사한 자료들을 보기 좋고 이해하기 쉽게 나타내는 방법이다. 하나의 그래프에 2가지 자료를 같이 표현해도 된다. 변화하는 과정과 모양을 알아볼 때는 주로 꺾은선 그래프를 그린다. 꺾은선 그래프를 이용하면 조사하지 않은 중간값도 예상할 수 있다. 위 자료와 같이 각각 개별적인 자료를 나타낼 때는 주로 막대그래프를 사용한다.

2 [탐구 과정]

① 살기 좋은 도시가 되기 위해서는 인구밀도, 인구 천 명당 범죄 발생 건수, 주택가격 상승률, 소비자 물가 상승률, 교사 1인당 학생 수, 실업률은 낮을수록 좋고, 1인당 총생산, 인구 천 명당 의료기관 침대 수, 인구 천 명당 공원면적은 높을수록 좋다.

② 6개의 도시를 다음과 같은 기준으로 점수를 부여한다.

- 인구밀도, 인구 천 명당 범죄 발생 건수, 주택가격 상승률, 소비자 물가 상승률, 교사 1인당 학생 수, 실업률은 낮을수록 좋으므로 가장 높은 도시에 1점 가장 낮은 도시에 6점을 부여한다.
- 1인당 총생산, 인구 천 명당 의료기관 침대 수, 인구 천 명당 공원면적은 높을수록 좋으므로 가장 높은 도시에 6점, 가장 낮은 도시에 1점을 부여한다.
- 각 항목에 다음과 같이 가중치를 부여한다. 살기 좋은 도시가 되기 위해 가장 중요하다고 생각되는 항목에 3, 중요하다고 생각되는 부분에 2, 덜 중요하다고 생각되는 항목에 1을 부여한다.

③ 6개의 도시의 점수를 합산한다.

구분	가중치	A 도시 점수	A 도시 가중치	B 도시 점수	B 도시 가중치	C 도시 점수	C 도시 가중치	D 도시 점수	D 도시 가중치	E 도시 점수	E 도시 가중치	F 도시 점수	F 도시 가중치
인구밀도 (명/km²)	1	2	2	1	1	3	3	4	4	5	5	6	6
1인당 총생산(만원)	3	3	9	6	18	1	3	2	6	4	12	5	15
인구 천 명당 범죄 발생 건수(회)	2	3	6	4	8	2	4	5	10	6	12	2	4
주택 가격 상승률(%)	3	2	6	1	3	6	18	4	12	5	15	3	9
소비자 물가 상승률(%)	3	1	3	2	6	3	9	6	18	4	12	5	15
인구 천 명당 의료기관 침대 수(개)	2	6	12	1	2	5	10	4	5	2	4	3	6
교사 1인당 학생 수(명)	2	4	8	5	10	1	2	3	6	2	4	6	12
인구 천 명당 공원면적(km²)	2	5	10	2	4	1	2	4	8	3	6	6	12
실업률(%)	3	5	15	1	3	6	18	4	12	2	6	3	9
합계		31	71	23	55	28	69	36	81	33	76	39	88

④ 가중치를 부여하지 않았을 때와 부여했을 때 모두 점수가 가장 높은 F 도시가 가장 살기 좋은 도시로 선정되었다.

[가장 살기 좋은 도시]

항목별 점수를 합산했을 때 가장 높은 점수를 받은 F 도시가 가장 살기 좋은 도시이다.

해설 우리나라에서 가장 살기 좋은 도시를 선정하기 위해 9개 항목을 모두 사용하여 비교해도 되고, 의미 있다고 생각되는 항목만 선별해서 비교해도 된다. 항목별로 가중치를 부여하고 비교해도 좋다.

STEP 3 융합 사고

1 문화 · 예술, 체육, 편의성, 보건 · 복지, 도시의 녹지 비율 항목 등도 고려해야 한다.
  * 문화 · 예술 : 극장, 전시관, 문화센터 등
  * 체육 : 체육관, 경기장, 운동장, 체육센터 등
  * 편의성 : 마트, 백화점, 관공서, 편의점 등
  * 보건 · 복지 : 보건소, 병원, 노인정, 복지센터 등
  * 도시의 녹지 비율 : 숲, 정원, 공원, 농지 등

해설 　모든 영역의 항목을 고려하여 선정한 것이 아니므로 내가 선정한 도시가 가장 살기 좋은 도시라고 할 수 없다. 평가 항목을 무엇으로 하느냐에 따라 살기 좋은 도시는 달라진다. 깨끗한 자연환경을 중요시할 때와 문화 · 경제 · 편리성을 중요시할 경우 가장 살기 좋은 도시의 결과는 다르다. 머서(Mercer) 보고서에 따르면 스위스의 취리히와 비엔나가 살기 좋은 도시이다. 그러나 다른 관점에서 보면 스위스는 지구상에서 가장 나쁜 돈이 모이는 나라이다. 세금을 내지 않기 위해 숨기고 싶은 돈, 주인이 누구인지 밝히고 싶지 않은 돈, 어떻게 벌어들인 돈인지 감추고 싶은 모든 돈 등 세계적인 범죄자들과 제3세계 독재자들이 스위스 은행들의 비밀계좌를 이용해 재산을 숨기고 있으며 비밀 계좌를 거쳐 돈 세탁을 하고 있다. 오늘날 스위스가 아랍에미리트 연방에 이어 지구상에서 손꼽히는 부자 나라가 된 것은 이들 검은 돈 때문이라고 지적하는 학자들도 있다. 스위스가 세계에서 가장 살기 좋은 나라, 가장 아름다운 나라로 선정된 것은 선정 기준에서 이러한 항목을 제외한 결과이다. 또한 스위스가 세계에서 가장 살기 좋은 도시라고 해서 모든 항목에서 최고인 것은 아니다. 스위스의 비엔나도 좋은 점수를 받은 항목도 있고 나쁜 점수를 받은 항목도 있지만, 평균적으로 볼 때 좋은 점이 많아 가장 살기 좋은 도시가 된 것이다.

2 평균의 의미를 모르고 그 수치만 보고 진격을 명한 장수 때문에 병사들의 대부분은 익사했을 것이다. 병사의 평균 키가 1.65 m라고 해도 전 대원의 키가 1.65 m 이상은 아니며, 평균 수심이 1.4 m라고 할지라도 강바닥의 굴곡에 따라 수심은 더 깊을 수도 더 얕을 수도 있기 때문이다. 키가 크거나 수영을 잘 하는 병사 이외에는 익사를 했을 가능성이 크다.

해설 병사들이 익사를 하게 된 이유는 참모가 최대 수심을 잰 것이 아니라 평균을 내었기 때문이다. 평균은 어떤 값들이 가지는 특징을 대표한 값의 한 종류이므로, 평균만으로 전체적인 모습을 파악하는데 한계가 있다. 따라서 평균 이외에 각 값들이 흩어진 정도를 나타내는 산포도(편차, 표준편차, 분산)를 함께 고려해야 한다. 평균값을 가지고 자료를 판단할 때 평균의 함정에 빠지지 않도록 주의해야 한다.

★ 예시답안 ★

3
- 1차 투표소 선정을 무작위로 하지 않고, 과거의 투표 성향, 투표자 수를 고려하여 오차를 최소화할 수 있도록 선정한다.
- 출구조사의 표본을 늘인다.
- 출구조사 거리 제한을 낮추거나 없앤다. 출구 조사 거리가 멀어지면 투표자들이 각각의 방향으로 흩어지므로 표본 확보가 힘들다.
- 부재자 투표자, 재외국민 투표자, 투표에 적극적으로 참여하는 사전투표자들도 출구조사에 포함시킨다.
- 출구조사 참여자가 솔직하게 대답할 수 있도록 신뢰를 준다.

해설 출구조사는 전국 1만 3천여 투표소에서 360개 투표소를 1차로 추출하고, 그 투표소 출구에서 나오는 사람들 중 매 5번째 사람을 2차로 추출하는 조사 방식이다. 출구조사는 직접 대면해서 진행되므로 전화 여론조사를 통한 예측조사보다 정확도가 높다고 평가된다. 그러나 4천만 명에 달하는 전체 유권자 중 투표를 한 일부만 대상으로 하는 것이어서 오차가 생길 가능성이 있다. 통계에서 가장 중요한 것은 표본 선정이다. 표본이 전체를 충분히 대표할 때 통계조사의 신뢰성이 높아진다. 출구조사 장소가 투표장에서 멀어지면 투표소 주변의 혼잡한 환경 때문에 투표를 마친 선거인과 일반 통행인과의 구별이 어려워 표본 추출 간격 선정에 불확실성이 발생될 수 있어 정확한 출구조사에 지장이 생긴다. 출구조사가 정착된 미국, 영국, 일본, 독일, 프랑스 등 선진국 어느 나라에서도 거리 제한 규정이 없다. 우리나라는 출구조사 시 50 m 거리 제한이 있다.

STEP 1 문제 인식

1 $\overline{AB} : \overline{AP} = \overline{AP} : \overline{PB}$

해설　대부분의 사람들은 정확하게 선을 반으로 나누는 것보다 약간 한쪽으로 치우치게 나누는 것을 아름답다고 생각한다. 황금비란 선분을 두 개의 부분으로 나누어 선분 전체 길이($\overline{AB}$)에 대한 긴 선분 ($\overline{AP}$)의 비가 긴 선분($\overline{AP}$)에 대한 짧은 선분($\overline{PB}$)의 길이의 비와 같도록 만들 때 얻게 되는 것으로, 이때 이 선분은 황금비로 나누어졌다고 한다. 황금비(Golden Ratio)라는 명칭은 그리스의 수학자 에우독소스 가 붙인 것이다. 황금비는 중세 시대에 와서는 더욱 신비화되어 '신의 비례'라고 일컬어질 정도였다. 특 히 시인 단테는 황금비를 "신이 만든 자연의 예술품"이라고 말했다. 황금비는 수가 아니라 비례 관계이 다. 이것을 수로 표기하면 1.618033398…로 무리수이다. 따라서 황금비는 숫자 표기를 잘 하지 않는다.

2
- 솔방울 껍질에 나타나는 씨들의 배열은 반시계 방향으로 13개, 시계 방향으로 8개이므로 적 은 수와 많은 수의 나선의 비는 $8 : 13 = 1 : \dfrac{13}{8} = 1 : 1.625$가 된다.

- 해바라기 씨는 반시계 방향으로 34개, 시계 방향으로 21개이므로 적은 수와 많은 수의 나선 의 비는 $21 : 34 = 1 : \dfrac{34}{21} = 1 : 1.619$가 된다.

- 나선의 개수는 반시계 방향이 시계 방향보다 많으며, 적은 수와 많은 수의 나선의 비는 1.6xx로 1.618인 황금비에 가깝다.

해설　솔방울 씨와 해바라기 씨가 황금비를 품고 있는 까닭은 정해진 공간 안에 좀 더 많은 씨앗을 넣기 위해서이다. 씨앗을 많이 남길수록 살아남을 확률이 더 높아진다.

STEP 2 문제 해결

1 • 규칙성

① 앞의 두 수를 더하면 그다음 수가 된다.

② 세 번째 수마다 2의 배수가 된다.

③ 네 번째 수마다 3의 배수가 된다.

④ 다섯 번째 수마다 5의 배수가 된다.

⑤ 여섯 번째 수마다 8의 배수가 된다.

• 황금비

뒤수에 대한 앞 수의 비가 황금비이므로,

$$\frac{1}{1}=1, \frac{2}{1}=2, \frac{3}{2}=1.5, \frac{5}{3}=1.666\cdots, \frac{8}{5}=1.6, \frac{13}{8}=1.625, \frac{21}{13}=1.615\cdots, \frac{34}{21}=1.619\cdots,$$

$$\frac{55}{34}=1.617, \frac{89}{55}=1.618\cdots$$

비율의 값이 뒤로 갈수록 1.618에 가까워진다.

2 [1]

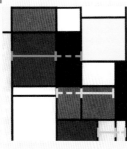 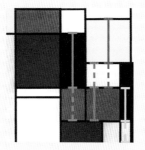

  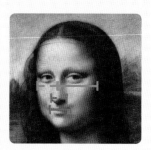

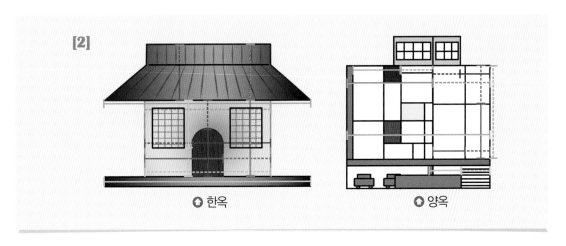

◐ 한옥   ◐ 양옥

해설 [1] 황금 분할자는 정오각형의 각 꼭짓점을 연결하여 만든 별다각형에서 빨간색 부분을 막대로 연결하여 움직일 수 있도록 만든 것이다. 각 그림에서 황금비를 찾으면서 황금 분할자 사용법을 익힌다.

[2] 집의 가로와 세로의 비율, 지붕과 집 높이의 비율, 1층과 2층 높이의 비율, 창문의 위치 등을 황금 분할자를 이용하여 황금비로 분할하면서 설계한다.

STEP 3 융합 사고

1 통장, TV, 모니터, 엽서, 태극기, 스마트폰 등

해설 황금 분할자를 이용해 교통 카드의 가로와 세로의 비를 확인해 본다. 정확하게 황금비를 이루지 않는 물건이라도 가로와 세로의 비가 황금비에 가깝고 균형미를 가진 물건들은 큰 범위로 황금비가 사용된 물건이라고 할 수 있다.

2 큰 종이를 반으로 여러 번 잘라 만드는 종이의 특성상 큰 종이를 잘랐을 때 남아 버려지는 종이가 없도록 하기 위해서이다.

해설　A0 용지를 절반으로 자르면 A1용지가 된다. 따라서 A4 용지는 A0 용지를 절반으로 4번 잘라 만든 종이이다. A0, A1, A3, A4 등의 용지들은 모두 닮음이다. 이들 종이는 가로와 세로의 비율이 일정하므로 용지의 내용을 쉽게 축소하거나 확대할 수 있다.

A1	A2	
	A3	A4
		A4

✦ 예시답안 ✦

3 **[1]**

- 9 : 16의 비율 : 주로 동영상을 시청하므로 동영상 비율에 맞는 9 : 16의 비율을 가진 스마트폰을 선택할 것이다.
- 9 : 15의 비율, 10 : 16의 비율 : 주로 동영상을 시청할 것이고 9 : 16의 비율보다 폭이 조금 더 넓은 느낌이 있기 때문이다.
- 3 : 4의 비율 : 주로 사진을 많이 찍고 전자책을 많이 보므로, 사진과 책의 비율에 가까운 3 : 4의 비율을 가진 스마트폰을 선택할 것이다.

[2]

- 1 : 1(16 : 16) 화면비 : 정사각형 모양이라서 어느 방향으로든 잘 볼 수 있으며, 가로로 분할하여 듀얼 윈도우(16 : 9 비율의 위 화면과 나머지 아래 화면)로 사용하기 좋다.
- 9 : 16 비율을 유지하면서 아래쪽의 폭이 좁은 모양 : 기존의 화면 비율을 유지하면서 장점을 그대로 사용하고, 아래쪽에 굴곡을 만들어서 스마트폰이 커짐으로 인해 잡기 불편한 점을 보완한다.
- 9 : 21 화면비를 가지고 위아래가 휘어진 모양 : 스마트폰을 가로로 회전하여 동영상을 보면 좌우가 휘어져 영상이 한눈에 들어와 몰입도가 뛰어나며 화면 좌우에 스피커를 설치해 영화 감상 시 더욱 실감 나는 사운드를 느낄 수 있다.

스피커

해설　**[1]** 스마트폰을 통해 동영상과 사진 등 멀티미디어 콘텐츠를 감상하는 사람들이 늘어나면서 9 : 16 화면비가 대세로 굳어졌다.

HDTV나 영화에서 16 : 9 화면비를 사용하기 때문에 최근 들어 9 : 16 비율로 제작되는 멀티미디어 콘텐츠가 늘어나고 있다. 덕분에 9 : 16 비율은 영화를 감상하는데 가장 적합한 화면비로 평가받고 있으며 스마트폰들도 주로 9 : 16 비율을 사용한다. 또한 9 : 16 비율은 가로 폭을 좁혀 한 손에 쥘 수 있는 5인치 스마트폰을 구현하기에도 쉽다. 그러나 화면이 길이가 길어져 인치 수에 비해 화면의 크기가 다소 작게 느껴지는 단점이 있다. HD 화면이 보편화되고 스마트폰의 화면 비율도 바(bar) 형태의 9 : 16 화면비를 가지게 되었지만, 책, 교과서, 사진, A4 종이 등 우리 주변의 다양한 것들이 3 : 4 비율을 가지고 있다. 3 : 4 화면비의 스마트폰을 사용하면 사진이나 전자책을 화면에 가득 찬 모습으로 즐길 수 있다. 또한 3 : 4 화면비의 스마트폰은 문서 작업을 하거나 인터넷 웹 서핑을 할 때 한 화면에 보이는 페이지가 넓어서 좋다. 모바일 페이지가 아닌 PC 화면으로 보아도 잘리는 부분 없이 한눈에 잘 들어온다. 그러나 3 : 4의 화면비의 스마트폰은 가로가 넓어 한 손에 쥐기 힘들고 길이가 짧아 옵션바를 숨겨야 넓게 쓸 수 있다.

[2] 21 : 9의 비율을 계산하면 극장에서 사용하는 시네마스코프(와이드스크린 방식에 따른 대형영화)와 일치한다. 2009년 LG는 피처폰인 LG-BL40 뉴초콜렛 폰을 21 : 9 비율로 출시한 적이 있으며 LG 시네뷰모니터도 21 : 9의 비율이다.

STEP 1 문제 인식

★ 모범답안 ★

1 [1] 창의적문제해결력

[2] 수학이 실생활에선 쓸모가 없어 보여도 모든 과학의 언어이자 기초다 안쌤수학

해설 [1] 사각기둥 나무 봉에 감았을 때 한 바퀴에 4개의 문자가 배치되므로 문자를 4개씩 건너뛰면 문장의 의미를 알 수 있다.

[2] 사각기둥 나무 봉에 감았을 때 한 바퀴에 4개의 문자가 배치되므로 문자를 4개씩 건너뛰어 연결하고 막대를 돌려 읽으면 전체 문장의 의미를 알 수 있다. 20세기 산업화 시대에는 생산요소 투입량이 국력을 결정했지만, 21세기는 과학·공학의 혁신이 미래를 좌우하는 정보화 시대이다. 수학을 잘 하는 나라가 강한 나라가 된다. 호기심의 해답을 찾아가는 수학과 상상력을 배양하는 인문학이 결합할 때 최고의 시너지가 나타날 수 있다.

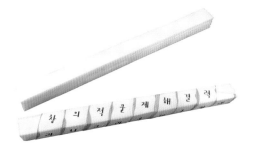

STEP 2 문제 해결

★ 모범답안 ★

1 원문의 알파벳에서 알파벳 순서로 뒤에 세 번째 있는 알파벳으로 치환하였다.

해설 R은 알파벳 순서 '···RSTU'에서 뒤로 세 번째 있는 U, E는 알파벳 순서에서 '··· EFGH···' 다음 뒤로 세 번째 있는 H로 치환하였다.

원문	A	B	C	D	E	F	G	H	I	J	K	L	M
암호문	D	E	F	G	H	I	J	K	L	M	N	O	P
원문	N	O	P	Q	R	S	T	U	V	W	X	Y	Z
암호문	Q	R	S	T	U	V	W	X	Y	Z	A	B	C

2 절대 암호를 가나다순으로 번호를 매기면 23410이다. 암호문의 글자 수가 200이므로 다섯 글자씩 나누어 생각한다. 번호 순서대로 다음과 같이 세로로 칸에 맞게 다섯 글자씩 채우면 암호가 해석된다.

문	제	해	결
2	3	4	1
문	제	풀	이
기	계	를	만
드	는	수	학
교	육	을	바
꿔	야	한	다

해설 스키테일 암호 체계에 절대 암호를 추가한 것이다. 암호문을 4자씩 나누고 절대 암호의 가나다순으로 배열한다. 수학의 노벨상으로 불리는 필즈상을 수상한 인도계 미국인 만줄 바르가바 교수는 '발견의 즐거움 같은 예술적인 방법으로 수학 교육과정을 바꾸라'는 조언을 했다. 인수분해 기술이 아니라 방정식을 왜 배우고 어떻게 응용할지 스스로 깨닫는 수학교육이 되어야 하며, 수학의 부흥 없이는 리더로 도약하는 것을 기대할 수 없다고 강조했다.

3 **[암호 체계]**
전화기 번호판을 이용하여 만든 암호 체계
ㅋ, ㅌ, ㅍ, ㅊ, ㅎ은 번호에 동그라미를 그린다.

[암호문]
7*04*08⑧*0* 7#0⑧*01 → 사랑해 수학

ㄱ/ㅋ	ㄴ	ㄷ/ㅌ		1	2	3
ㄹ	ㅁ	ㅂ/ㅍ		4	5	6
ㅅ	ㅇ/ㅎ	ㅈ/ㅊ		7	8	9
ㅣ	ㆍ	ㅡ		*	0	#

해설 훌륭한 암호가 되기 위해서는 암호를 만드는 체계가 수학적·논리적으로 모순 없이 만들어져야 한다. 또한 해독하는 방법이 어려워 쉽게 해독되지 않아야 한다.

STEP 3 융합 사고

✱ 예시답안 ✱

1 [1]
- 다른 사람이 쉽게 알 수 없는 것이어야 한다.
- 전화번호나 이름, 생일과 같이 나를 알고 있는 사람들이 유추할 수 있는 것이 아니어야 한다.
- 내가 쉽게 기억할 수 있어야 한다.
- 같은 숫자나 글자가 반복되지 않아야 한다.
- 사용되는 숫자나 문자의 개수가 너무 적거나 너무 많지 않아야 한다.

[2]
- 비밀번호 : Blu232dog
- 방법 : Blu2는 내가 가장 좋아하는 색깔인 파란색(blue)을 의미한다. 보안을 위해 알파벳 e를 숫자 2로 바꾸었다. 32는 내가 가장 좋아하는 숫자이다. dog는 내가 좋아하는 동물이 강아지이기 때문이다.

✱ 예시답안 ✱

2
- 비밀번호를 이용한 방법이 더 효과적이다. 모양을 기억하는 것보다 번호를 기억하는 것이 더 쉽고, 모양을 그리는 것보다 숫자를 누르는 것이 잠금을 해제할 때 더 편리하기 때문이다.
- 패턴(모양)을 이용한 방법이 더 효과적이다. 4자리의 비밀번호를 사용하는 것보다 4개 이상의 점을 이어 모양을 만들면 더 많은 경우의 수가 존재하므로 보안에 유리하며, 다른 사람이 보아도 비밀번호처럼 쉽게 유출되지 않기 때문이다.

해설 두 가지 방법 중 하나를 고르고, 이유를 논리적으로 설득력 있게 서술한다.

✱ 예시답안 ✱

3
- 목소리 인식 : 내 목소리를 들려주면 스마트폰이 내 목소리를 분석해 내가 이야기할 때만 잠금을 해제한다.
- 홍채 인식 : 화면 노크 후 카메라로 홍채를 스캔하여 잠금을 해제한다.
- 지문 인식 : 화면 노크 후 카메라로 지문을 스캔하여 잠금을 해제한다.

안쌤의
창의적 문제해결력 시리즈

초등 1~2 학년

초등 3~4 학년

초등 5~6 학년

중등 1~2 학년

안쌤의 창의적 문제해결력 시리즈

☑ 초등 1·2학년
   안쌤의 창의적 문제해결력 수학 1·2학년
   안쌤의 창의적 문제해결력 과학 1·2학년
   안쌤의 창의적 문제해결력 파이널 50제 수학 1·2학년
   안쌤의 창의적 문제해결력 파이널 50제 과학 1·2학년
   안쌤의 창의적 문제해결력 모의고사 1·2학년 (수학·과학 공통)

☑ 초등 3·4학년
   안쌤의 창의적 문제해결력 수학 3·4학년
   안쌤의 창의적 문제해결력 과학 3·4학년
   안쌤의 창의적 문제해결력 파이널 50제 수학 3·4학년
   안쌤의 창의적 문제해결력 파이널 50제 과학 3·4학년
   안쌤의 창의적 문제해결력 모의고사 3·4학년 (수학·과학 공통)

☑ 초등 5·6학년
   안쌤의 창의적 문제해결력 수학 5·6학년
   안쌤의 창의적 문제해결력 과학 5·6학년
   안쌤의 창의적 문제해결력 파이널 50제 수학 5·6학년
   안쌤의 창의적 문제해결력 파이널 50제 과학 5·6학년
   안쌤의 창의적 문제해결력 모의고사 5·6학년 (수학·과학 공통)

☑ 중등 1·2학년
   안쌤의 창의적 문제해결력 파이널 50제 수학 중등 1·2학년
   안쌤의 창의적 문제해결력 파이널 50제 과학 중등 1·2학년
   안쌤의 창의적 문제해결력 모의고사 중등 1·2학년 (수학·과학 공통)

 매스티안

펴낸곳 타임교육C&P   펴낸이 이길호   지은이 안쌤 영재교육연구소, 변희원
주소 서울특별시 강남구 봉은사로 442   연락처 1588-6066
디자인 ㈜링크커뮤니케이션즈
팩토카페 http://cafe.naver.com/factos
안쌤카페 http://cafe.naver.com/xmrahrrhrhghkr(안쌤 영재교육연구소)

협의 없는 무단 복제는 법으로 금지되어 있습니다.

자율안전확인신고필증번호: B361H200-4001
1. 주소: 06153 서울특별시 강남구 봉은사로 442
2. 문의전화: 1588-6066
3. 제조년월: 2020년 12월
4. 제조국: 대한민국
5. 사용연령: 8세 이상
※ KC마크는 이 제품이 공통안전기준에 적합하였음을 의미합니다.

⚠ 주의

종이, 모서리에 다칠 수
있으니 주의하세요!

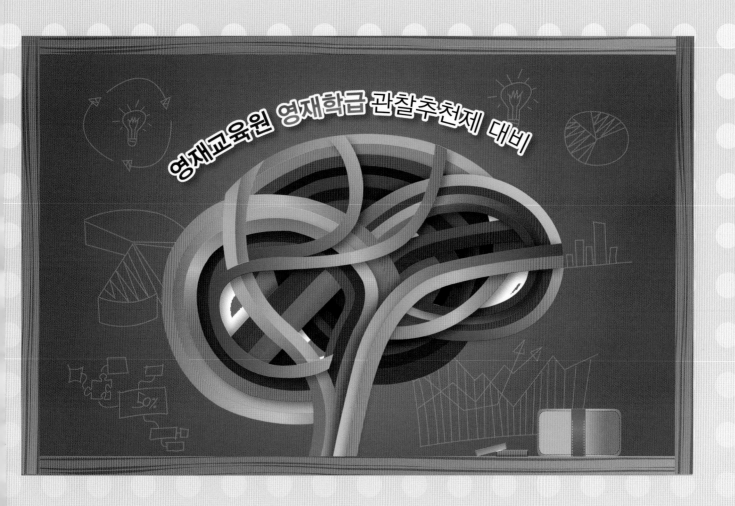

영재교육원 영재학급 관찰추천제 대비

안쌤의
「창의적 문제 해결력」 수학 과학 공통

모의고사

① 모의고사 [4회]

● 최근 시행된 전국 관찰추천제 **기출 완벽 분석 및 반영**

● 서울권 창의적 문제해결력 **평가 대비**

● 영재성검사, 학문적성검사, **창의적 문제해결력 검사 대비**

② 평가 가이드 및 부록

● 영역별 점수에 따른 **학습 방향 제시와 차별화된 평가 가이드 수록**

● 창의적 문제해결력 평가와 면접 기출유형 및 예시답안이 포함된 **관찰추천제 사용설명서 수록**

안쌤의
줄기과학 시리즈

새 교육과정
3~4학년
학기별
STEAM 과학

3-1 **8강** 3-2 **8강**   4-1 **8강** 4-2 **8강**

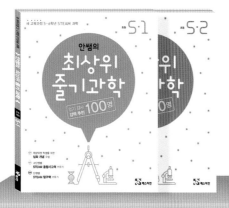

새 교육과정
5~6학년
학기별
STEAM 과학

5-1 **8강** 5-2 **8강**   6-1 **8강** 6-2 **8강**

새 교육과정
중등 영역별
STEAM 과학

물리학 24강 **화학 16강** **생명과학 16강** **지구과학 16강**   **물리학 워크북** **화학 워크북**